Iorlumun Tarlumun
Toryila Fabian Ukeyima
Esther Nguemo Ujia

IMPACTO DA MIGRAÇÃO RURAL-URBANA NA CIDADE DE GBOKO DO ESTADO DE BENUE

Iorlumun Tarlumun
Toryila Fabian Ukeyima
Esther Nguemo Ujia

IMPACTO DA MIGRAÇÃO RURAL-URBANA NA CIDADE DE GBOKO DO ESTADO DE BENUE

ScienciaScripts

Cover image: www.ingimage.com

This book is a translation from the original published under ISBN 978-620-8-11644-6.

Publisher:
Sciencia Scripts
is a trademark of
Dodo Books Indian Ocean Ltd. and OmniScriptum S.R.L publishing group

120 High Road, East Finchley, London, N2 9ED, United Kingdom
Str. Armeneasca 28/1, office 1, Chisinau MD-2012, Republic of Moldova, Europe
Printed at: see last page
ISBN: 978-620-8-19245-7

RESUMO

Este estudo avaliou o impacto da migração rural-urbana na cidade de Gboko, no estado de Benue. Especificamente, o estudo analisou as caraterísticas socioeconómicas dos migrantes na cidade de Gboko, analisou os efeitos da migração rural-urbana e identificou medidas para a reduzir. O estudo baseou-se na teoria Push-Pull, na teoria da nova economia da migração laboral e na teoria da escolha racional. O estudo adoptou o método de investigação por inquérito, utilizando um questionário como instrumento de recolha de dados. A dimensão da amostra de 400 foi determinada utilizando a fórmula de Taro Yamane a partir da população estimada de 488 162 inquiridos. O estudo utilizou as técnicas de amostragem estratificada, intencional e aleatória simples para selecionar os inquiridos para o estudo. Foi distribuído um total de 400 questionários aos inquiridos selecionados, tendo todos eles sido recuperados e analisados com êxito utilizando tabelas de frequência e percentagens simples. De acordo com os resultados, os residentes da cidade de Gboko, predominantemente em famílias de 8-9 pessoas, dedicam-se ao artesanato e ganham mais de 300 000 ₦ por ano. Atribuem a migração rural-urbana a inseguranças, falta de instalações recreativas e oportunidades de emprego. Esta migração tem um impacto significativo no rendimento das famílias, na produtividade agrícola, nos custos laborais, no crescimento da população e na poluição ambiental. O estudo conclui que a migração rural-urbana tem impacto no rendimento das famílias e na sustentabilidade ambiental, sublinhando a necessidade de intervenções eficazes. O estudo recomenda, entre outras coisas, que o governo deve realçar a importância de promover a educação para o planeamento familiar, a habitação a preços acessíveis, o desenvolvimento de competências e a formação em literacia financeira para gerir a dimensão das famílias e garantir a estabilidade financeira. Sugere também que o governo e as ONG melhorem as infra-estruturas de segurança, promovam o desenvolvimento económico e colaborem para criar oportunidades de subsistência sustentáveis nas zonas rurais.

CAPÍTULO UM
INTRODUÇÃO

1.1 Antecedentes do estudo

A relação entre migração e desenvolvimento tem continuado a ser um tema de intenso debate académico à escala global. Consequentemente, a deslocação de pessoas para outros locais em busca de uma vida melhor não é um fenómeno recente. No entanto, o que ganhou popularidade foi o aumento da migração voluntária de trabalhadores pouco qualificados e com baixos salários, bem como de trabalhadores altamente qualificados e com salários elevados, de zonas rurais menos desenvolvidas para zonas metropolitanas mais desenvolvidas, em busca de uma melhor qualidade de vida, em especial entre os mais desfavorecidos dos países emergentes (Adewale, 2015).

A migração é um fenómeno complexo de um movimento historicamente sem precedentes de pessoas das zonas rurais para as cidades em expansão, com efeitos adversos na vida económica, social e de segurança das pessoas, que tem a ver com os movimentos de todas as formas de vida para diferentes locais (Relatório sobre a Migração Mundial, 2020). Este movimento inclui a migração internacional e interna para as cidades urbanizadas, especialmente na África Subsariana. Os processos de migração rural-urbana influenciam os indivíduos, as famílias, as comunidades, os centros urbanos, o Estado e as nações de diversas formas (económica, política, social, religiosa, educativa, demográfica), o que é frequentemente um movimento habitual de mão de obra das comunidades agrícolas para os centros urbanos (Oginni, & Tahirou, 2019).

De acordo com as Nações Unidas (2016), a migração é o movimento de um local do mundo para outro com o objetivo de estabelecer uma residência permanente ou semi-permanente, geralmente através de uma fronteira política. A região de onde as pessoas partem é designada por região de origem, enquanto a região para onde as pessoas entram é conhecida por região de destino (Lindsey & Beach, 2003). A migração ocorre numa variedade de escalas, incluindo a migração intercontinental, intracontinental, inter-regional e rural para urbana. As pessoas migram de um local para outro devido a determinadas razões, como catástrofes naturais, condições físicas, preocupação com a insegurança, diferenças nas oportunidades económicas, diferenças nas comodidades sociais e mudança de estatuto social, como um elevado nível de educação e riqueza (ONU, 2018).A Nigéria tem sido considerada como o gigante de África devido à sua grande população e continua a expandir-se, constituindo um dos sextos continentes do mundo. É geograficamente significativo para o tamanho da economia (Ikuteyijo, 2020; National Bureau of Statistics, 2018). No entanto, a taxa de pobreza é extrema na Nigéria, o que levou as pessoas a migrar, especialmente os habitantes das zonas rurais, que tendem a migrar para os centros urbanos. A tendência para a migração, associada a outras medidas de etnicidade, instabilidade política, conflitos económicos e diferenças salariais, tem sido o fator de atração de um conjunto de pessoas que abandonam as zonas rurais em direção aos centros urbanos para obterem maiores benefícios.

As pessoas migram com base nas condições prevalecentes e as razões para tal variam de pessoa para pessoa, consoante a situação que motivou a decisão. A migração é um processo seletivo que afecta indivíduos ou famílias com determinadas caraterísticas económicas, sociais, educacionais e demográficas (Laah, Abba, Ishaya & Gana, 2018). Além disso, condições físicas adversas, como inundações, deslizamentos de terras, erosão e terramotos, seca, fome ou ameaça à subsistência económica, como a extinção de culturas devido a insectos e pragas (Moriconi-Ebrard, Harre & Heinrigs, 2016).

De acordo com as Nações Unidas (2016), para além dos conflitos sociopolíticos e das perspectivas económicas, os adolescentes e os jovens também migram para o estrangeiro em resposta à globalização e às possibilidades de educação. Após a educação no estrangeiro, os estudantes procuram frequentemente emprego no país de acolhimento, estabelecendo assim um estatuto de residência e de migrante. Além disso, os movimentos de adoção, de refugiados e de asilo são responsáveis pela migração dos jovens. No entanto, a falta de um emprego adequado é o principal fator de migração, uma vez que os jovens se deslocam em busca de pastagens mais verdes. O emprego continua a ser a principal preocupação dos jovens, sobretudo nas regiões de África, da América Latina e da Ásia (Olabode, Saidat, & Oluyemi, 2015). As taxas de desemprego excecionalmente elevadas em África podem ser interpretadas como um dos principais factores subjacentes à elevada taxa de migração rural-urbana na região.

A ligação entre migração e desenvolvimento rural tem sido uma questão académica interessante no atual século XXI. Ao longo do tempo, as observações mostraram que a migração pode ter efeitos positivos e negativos no desenvolvimento económico, bem como no nível, profundidade e gravidade da pobreza a nível do agregado familiar. A nível nacional, regional ou local, as remessas podem estimular o desenvolvimento total ou marginal (Ajearo, Madu & Mozie, 2018). Ou seja, os ganhos de cérebros nos países de destino podem estimular o dinamismo económico (por exemplo, o papel desempenhado pelos imigrantes no sector tecnológico dos EUA e os imigrantes de retorno na Índia e na China). Embora as remessas para aliviar a pobreza sejam louvadas, contribuem pouco para melhorar o desenvolvimento rural nos países de origem dos jovens migrantes.

Por outro lado, a migração pode exercer um efeito negativo nas zonas rurais, uma vez que a mão de obra potencialmente produtiva é retirada da aldeia, o que dificulta a capacidade dos agregados familiares de utilizarem ao máximo os recursos produtivos, como a terra, e, por conseguinte, conduz à escassez de mão de obra e ao ciclo vicioso da pobreza nas zonas rurais (Ehirim et al. 2019). Além disso, no Estado de acolhimento, a migração excessiva das zonas rurais para as zonas urbanas conduz a uma elevada taxa de congestionamento da cidade, criminalidade, sobrecarga das infraestruturas existentes, como o sistema de esgotos, água potável, eletricidade e outras comodidades, desemprego crónico e criação de grandes bairros de lata e favelas, prostituição, surto de doenças, etc.

A migração descontrolada de pessoas das zonas rurais para as zonas urbanas é motivo de grande preocupação. Isto porque o afluxo constante de pessoas para as cidades incentiva o desemprego, os bairros de lata urbanos e a pressão sobre os alimentos, a habitação, os transportes, as instituições de ensino disponíveis, bem como a pressão sobre os equipamentos sociais como os hospitais, a água, a eletricidade e a degradação geral do nível de vida, o que conduz a um aumento da pobreza abjecta. Por outro lado, equivale a uma dissolução das zonas rurais por parte dos jovens que são a principal força de produção (Lemawork, 2017).

Enquanto vários investigadores se concentraram nas causas da migração, bem como na migração internacional, especialmente em diferentes partes da Nigéria, outros concentraram-se nas profundas implicações económicas da migração no contexto rural e urbano. No entanto, faltam na literatura estudos que relacionem a atitude dos migrantes com o desenvolvimento básico da comunidade, especialmente na cidade de Gboko, e, como tal, informaram o presente estudo. Isto está de acordo com o facto de a cidade de Gboko ser uma das cidades com fortes actividades migratórias na Nigéria. Tendo em conta o imperativo da migração rural-urbana, é necessário aprofundar a investigação sobre a correlação entre o fenómeno e o desenvolvimento nas zonas em desenvolvimento, como a cidade de Gboko.

1.2 Declaração do problema

A migração rural-urbana tornou-se uma das principais formas de migração actuais na Nigéria. Trata-se também de um problema social que preocupa a Nigéria e que tem consequências tanto na região de origem como na região de destino, privando as zonas rurais de homens e mulheres capazes, necessários ao desenvolvimento. Outros problemas causados pela migração rural-urbana incluem o mau planeamento, o desemprego, o subemprego, os problemas de habitação, a elevada taxa de criminalidade, a prostituição e o rapto. A migração rural-urbana é reforçada pela desigualdade de desenvolvimento entre as comunidades rurais e urbanas do país, em termos de fornecimento de instalações e serviços básicos, tais como eletricidade, água, boas estradas, clínicas de saúde e boas habitações modernas. Esta desigualdade provocou um desequilíbrio no desenvolvimento de ambas as comunidades a nível social, político, educativo e económico.

Foram iniciadas e empregues pelo governo várias tentativas para resolver o problema da migração rural-urbana, algumas das quais constam do Plano de Desenvolvimento Nacional e do Plano Nacional de Luta. A Nigéria teve muitos planos de desenvolvimento, incluindo o 1.º Plano de Desenvolvimento Nacional (1962-1968); o 2.º Plano de Desenvolvimento Nacional (1970-1974); o 3.º Plano de Desenvolvimento Nacional (1975-1980); o 4.º Plano de Desenvolvimento Nacional (1981-1985); os três Planos Contínuos 1990-1992, 1993-1995, 1996-1998. Houve também a Visão 2020 e a Nigéria 2020, bem como a Estratégia Nacional de Desenvolvimento e Empoderamento Económico (NEEDS). Os sucessivos regimes da Nigéria tentaram reduzir a pobreza e promover o desenvolvimento rural.

Apesar destes programas e dos esforços dos governos que visavam travar a migração rural-urbana, há indícios de que o problema continuou a persistir em algumas partes do país, como a cidade de Gboko. As zonas rurais parecem ter sido abandonadas. Apenas os idosos parecem ter sido deixados a cultivar o solo. As actividades produtivas tornaram-se aparentemente muito reduzidas com o envelhecimento da população. Há indícios suficientes de que o problema está a afetar as actividades socioeconómicas e culturais da região. No entanto, não é muito certo qual é a verdadeira situação do movimento em termos dos efeitos da migração rural-urbana no desenvolvimento global da cidade de Gboko. É, portanto, imperativo obter provas empíricas sobre o estado atual dos efeitos da migração rural-urbana na cidade de Gboko.

1.3 Questões de investigação

Este estudo tem como objetivo encontrar respostas para as seguintes questões de investigação.

i.Quais são as caraterísticas socioeconómicas dos migrantes na cidade de Gboko?

i.Qual é o impacto da migração rural-urbana na cidade de Gboko?

ii. Quais são as medidas para reduzir a migração rural-urbana na cidade de Gboko?

1.4 Objectivos do estudo

Os objectivos gerais do presente estudo consistem em avaliar os efeitos da migração rural-urbana na cidade de Gboko, no estado de Benue; o estudo tem como objectivos específicos os seguintes

i. Descrever as caraterísticas socioeconómicas dos migrantes na cidade de Gboko.

ii. Examinar o impacto da migração rural-urbana na cidade de Gboko

iii. Identificar medidas susceptíveis de reduzir a migração rural-urbana na cidade de Gboko.

1.5 Âmbito do estudo

O âmbito do estudo consiste em avaliar os efeitos da migração rural-urbana na cidade de Gboko. Devido a limitações de tempo e financeiras, a delimitação da cidade de Gboko é considerada adequada, uma vez que proporciona um âmbito de investigação muito limitado para o estudo. A cidade de Gboko é composta por cinco (5) distritos principais, nomeadamente: Gboko-Oeste, Gboko-Este, Gboko-Norte, Gboko-Sul e Gboko-Central.

1.6 Importância do estudo

Os resultados do estudo podem ajudar os decisores políticos a compreender as consequências sociais, económicas e políticas da migração rural-urbana. Este conhecimento pode ajudar o governo a desenvolver políticas e estratégias eficazes para enfrentar os desafios colocados pela migração interna.

O estudo de investigação pode fornecer informações sobre as experiências dos migrantes. Isto pode ajudá-los a tomar decisões informadas sobre os seus planos de migração e também dar-lhes uma ideia do que esperar quando chegarem ao seu destino.

Os resultados do estudo podem ser úteis para as partes interessadas, como os líderes comunitários, as organizações da sociedade civil e as organizações não governamentais. Isto pode permitir-lhes identificar as necessidades específicas dos migrantes e desenvolver abordagens à medida para os ajudar a adaptarem-se e a estabelecerem-se nos centros urbanos.

O estudo pode constituir uma base para investigação futura na identificação de

tendências e padrões da migração rural-urbana e da forma como esta afecta os centros urbanos. Tal contribuirá para a base de conhecimentos sobre migração e fornecerá dados críticos que podem ser utilizados na formulação de políticas.
O estudo de investigação pode ser uma fonte de aprendizagem para estudantes de ciências sociais, economia e planeamento urbano. Os conhecimentos gerados pelo estudo também podem servir de base para a exposição de várias teorias da migração. As conclusões do estudo podem contribuir para o avanço do conhecimento sobre estudos de migração. Podem também fornecer detalhes mais específicos sobre as experiências dos migrantes, que podem ser úteis na análise das causas e consequências do fenómeno da migração

1.7 Localização

1.7.1 Área de estudo

A cidade de Gboko está situada entre as latitudes 7° 18' 0" e 7° 22' 0" a norte do Equador e as longitudes 8° 58' 0" e 9° 2' 0" a leste do Meridiano de Greenwich. É delimitada a norte por Tarka LGA, a leste por Buruku, a sul por Ushongo e a oeste por Gwer East e Vandeikya. Gboko é uma das cidades de crescimento mais rápido do Estado de Benue, na Nigéria. A cidade de Gboko é a capital tradicional da tribo Tiv e tem a residência oficial do Tor-Tiv, que é o governante tradicional supremo do povo Tiv. A área de estudo tem uma dimensão aproximada de 1920,48 km2. É constituída por cinco (5) distritos principais, nomeadamente: Gboko-Oeste, Gboko-Este, Gboko-Norte, Gboko-Sul e Gboko-Central.

Figura 1: Mapa da cidade de Gboko mostrando os principais bairros

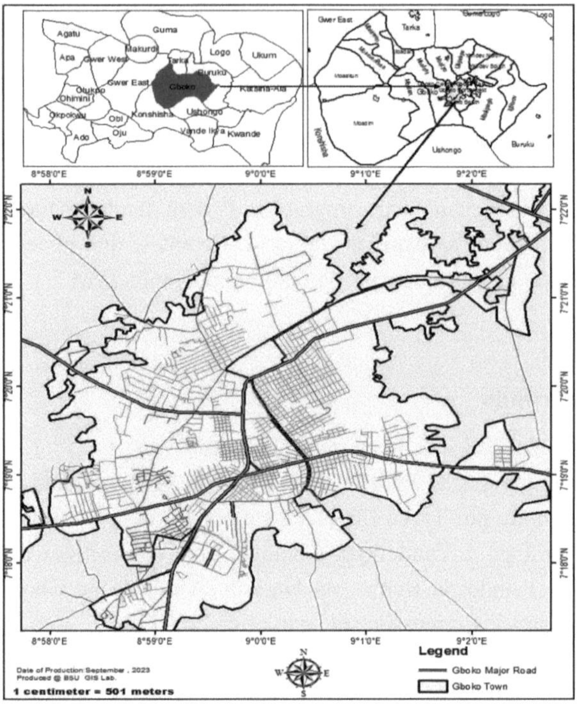

Fonte: Laboratório GIS de Geografia da Universidade Estadual de Benue

1.7.2 População e actividades económicas

A área tem uma população de 361.325 habitantes, de acordo com o Censo Demográfico de 2016, com o número dominante de extração de TIV. Tem uma das maiores densidades populacionais do estado, com mais de 300 pessoas/km2. Os habitantes da região são maioritariamente agricultores. Mais de 80% da população total depende da agricultura para a sua subsistência, tirando partido dos ricos solos aluviais do vale do Benue e do sopé do Mkar. A região é abençoada com grandes produtos agrícolas, como o inhame, a mandioca, o arroz, a soja, o painço, a batata, o milho-da-índia, o amendoim, o milho e o benniseed. A cidade de Gboko produz mais de 40% da produção de sementes de soja do Estado (Governo do Estado de Benue 2017). A agricultura é dependente do clima, especialmente da precipitação. O clima influencia todas as actividades agrícolas na região, pelo que a produção agrícola tem lugar na estação das chuvas.

CAPÍTULO DOIS
REVISÃO DA LITERATURA RELACIONADA

2.1 Revisão de conceitos

2.1.1 Rural

Rural refere-se simplesmente a uma povoação remota, incivilizada, tradicional e homogénea, que carece de instalações básicas como boas estradas, água de qualidade, instituições de ensino, centros de saúde e bens de elevado valor. A palavra "Rural" é completamente oposta à palavra "unban" em termos de definições. Gana (2018) é da opinião de que a zona rural é um sector que contribui para uma grande parte da economia da Nigéria, com cerca de 80% da população envolvida na agricultura. Na mesma linha, Umoh (2001) considera a zona rural como uma povoação cuja ocupação predominante é a agricultura e que constitui menos de 20 000 pessoas com uma população homogénea. De acordo com Ging e Byrant em Olujimi (2020), as zonas rurais não podem ser classificadas isoladamente, uma vez que representam um espaço geográfico no qual têm lugar actividades humanas. Udo (1982) afirma que a povoação rural é constituída por uma vasta gama de agrupamentos de compostos que podem variar entre aldeias estreitamente nucleadas ou compactas e compostos dispersos, querendo com isto dizer que a povoação rural é constituída por uma área de floresta e de pastagem que proporciona um ambiente adequado para as actividades agrícolas. A zona rural, que é o oposto de uma zona urbana, refere-se à zona rural cuja população se dedica principalmente a actividades de produção primária como a agricultura, a pesca e a criação de gado. (Ele, 2016), especificamente, as zonas rurais referem-se a áreas geográficas que se situam fora do ambiente densamente construído das cidades, vilas e aldeias suburbanas e cujos habitantes se dedicam principalmente à agricultura, bem como à forma mais básica e rudimentar de actividades secundárias e terciárias (Ezeah, 2015).

2.1.2 Urbano

Na tentativa de definir o termo "urbano", não existe uma definição exacta. Este facto tem provocado uma grande variação nas interpretações de tempos a tempos, de um país para outro. Whynne (1979) afirma que a classificação e a definição de área ou aglomerado urbano podem variar de local para local e alterar-se de acordo com as suas utilizações. Whynne acrescenta que algumas autoridades utilizam a função como critério para a definição, enquanto outras utilizam a população, algumas utilizam a forma de administração através de dados demográficos. É devido à falta de uma definição precisa do termo "urbano" que as Nações Unidas, para efeitos de comparação internacional, adoptaram uma definição de zona urbana como um aglomerado com pelo menos 20 000 habitantes.

Wirth (1933), no seu artigo urbanize as a way of life, define a urbanização como um ponto de concentração populacional de grandes aglomerados densos e permanentes de indivíduos socialmente heterogéneos e que o urbanismo é um modo de vida. Digby (1996) vê a urbanização como o aumento do número de pessoas que vivem nas cidades, pode ser entendido agora que, o número de pessoas que vivem nas cidades tem vindo a aumentar no último século com uma elevada percentagem de pessoas ou população nas cidades, de acordo com ele, as áreas urbanas consistem principalmente de pessoas com empregos que não estão diretamente ligados aos recursos naturais.

2.1.3 Migração

Embora grande parte da literatura reconheça que a migração é um terreno altamente controverso e extremamente contestado, não existe atualmente uma única definição de migração universalmente aceite (Kok, 2003). O termo migração, de acordo com Kainth (2019), é tão amplo que se presta a diferentes interpretações e conotações que se devem às diferenças de natureza, âmbito e objetivo do debate. Por um lado, Kainth (2019) observa que os sociólogos salientam que existem consequências sociais e culturais da migração. Por outro lado, Kainth (2019) observa ainda que os geógrafos colocaram a tónica no tempo e na distância, enquanto os economistas dão importância ao aspeto económico da migração. Tendo em conta estas inconsistências, é difícil determinar o que desencadeia a migração. Consequentemente, ao definir a migração, existem componentes principais que devem ser discernidas.

Na sua essência, a migração pode ser definida como "um processo de deslocação, quer através de uma fronteira internacional, quer dentro de um Estado" (Federação Internacional da Cruz Vermelha (FICV) e Sociedades do Crescente Vermelho (SCR), 2019). De acordo com o Human Migration Guide (2015), a migração é tipicamente o movimento de pessoas de um lugar do mundo para outro com o objetivo de estabelecer residência permanente ou semi-permanente, geralmente através de uma fronteira política. Além disso, Skeldon (1990) considera a migração como o movimento espacial de pessoas em vários momentos das suas vidas por vários motivos.

2.1.4 Migração rural-urbana

Nos países em que a maioria da população é rural, os sistemas de produção agrícola baseiam-se cada vez mais na agricultura mecanizada em grande escala e o acesso inadequado ao crédito e à tecnologia coloca uma pressão sobre a capacidade de adaptação dos pequenos agricultores às secas e à variabilidade climática. A migração rural-urbana é o resultado destas transformações e uma componente crítica da urbanização. O desenvolvimento económico, as considerações sociais, culturais, ambientais e políticas e a sua influência tanto nas áreas de origem como nas áreas de destino contribuem para a migração (Adewale, 2015). Os indivíduos abandonam frequentemente um local para evitar perseguições, agitação política, violência, seca e outros problemas de sobrelotação. Além disso, factores físicos desfavoráveis, como inundações, deslizamentos de terras (devido à erosão e aos terramotos), insectos e parasitas e infertilidade do solo, desempenham um papel significativo na decisão das pessoas de se deslocarem. A migração das zonas rurais para as zonas urbanas responde a várias perspectivas económicas geográficas. Embora as taxas de migração tenham abrandado em alguns países, historicamente, tem desempenhado um papel importante no processo de urbanização de muitas nações e continua a ter um alcance significativo (Lall, Selod, & Shaliz, 2018). No entanto, Torum, Stein, Schroeder, Grajeda, Conlisk, Rodriguez, Mendez, & Martorell. (2015) afirma que as migrações são desencadeadas pela interação das variáveis "Push and Pull" nos locais de origem e de destino. O terror político, a falta de abastecimento alimentar, o desemprego, os conflitos armados e um nível de vida insatisfatório são alguns dos factores que levam as pessoas a migrar. Tal como as forças de pressão, os factores de atração incluem o desejo de uma vida melhor, perspectivas de emprego, melhores condições de vida, educação de alta qualidade, melhor habitação, melhores cuidados médicos e um sistema rodoviário eficiente. As comunidades urbanas e rurais estão a ficar mais ligadas social, económica e politicamente em todo o mundo em desenvolvimento (Deshingkar, 2016). Um exemplo significativo deste facto é a crescente mobilidade das comunidades rurais devido à migração transitória e às deslocações pendulares.

2.2 Quadro teórico

2.2.1 Teoria Push-Pull

A teoria push-pull foi proposta por Everett Spurgeon Lee em 1966. O pressuposto básico desta teoria é que existem factores que levam as pessoas a deslocarem-se de um local para outro. A teoria fornece um quadro para compreender os factores que influenciam a migração rural-urbana. A teoria sugere que as pessoas migram das zonas rurais para as zonas urbanas porque são empurradas para fora das zonas rurais por factores como a pobreza, o desemprego, a falta de comodidades e os conflitos sociais. Ao mesmo tempo, as pessoas são atraídas para as zonas urbanas pela promessa de melhores oportunidades económicas, comodidades sociais e estilo de vida. Lee (1966) observou que os factores que causam a migração incluem factores da área de origem e de destino, obstáculos intervenientes e factores pessoais. Estes factores afastam, retêm ou atraem as pessoas, actuando como um empurrão e uma atração, levando ou puxando as pessoas de um local para outro. Neste estudo, os factores de repulsão incluem os factores que empurram as pessoas para fora do seu local de residência original, tais como a pobreza e a falta de equipamentos sociais, e os factores de atração, como as oportunidades de emprego e a educação de qualidade. Estes factores, combinados com a falta de infra-estruturas socioeconómicas nas zonas rurais, levam as pessoas a migrar para zonas urbanas com recursos abundantes, escapando à pobreza e à insuficiência. De acordo com Greenwood, Hunt, Rickman e Treyz (2021), a teoria da migração, que relaciona a decisão de se deslocar de uma origem para outra, tem sido criticada pelo seu enfoque nos factores de atração e de repulsão da migração, negligenciando outros factores. No entanto, continua a ser uma teoria bem conhecida e utilizada no estudo da migração (McDowell & de Haan, 1997; de Haas, 2017, 2020). No caso da cidade de Gboko, a teoria push-pull pode oferecer informações sobre os factores que estão a impulsionar a migração rural-urbana na área. As zonas rurais de Gboko enfrentam desafios como a pobreza, a falta de comodidades, os cuidados de saúde deficientes, a baixa escolaridade e os conflitos étnicos, que desencorajam os jovens de procurar melhores oportunidades. As zonas urbanas, como Metropolis, oferecem melhores oportunidades económicas, ensino superior, cuidados de saúde e um ambiente social diversificado, atraindo os jovens das zonas rurais. A teoria push-pull realça as interações complexas entre os factores que contribuem para a migração, permitindo que os decisores políticos desenvolvam estratégias para lidar com os factores push e pull, criando oportunidades para o desenvolvimento rural e incentivando as pessoas a permanecerem nas suas comunidades.

2.2.2 Nova economia da teoria da migração laboral

A teoria da Nova Economia da Migração Laboral, proposta por Stark, surgiu como uma resposta dissimulada à perspetiva económica neoclássica sobre a migração (Stark, 2021). A teoria fornece um quadro para compreender as relações complexas dos indivíduos que migram das zonas rurais para as zonas urbanas em busca de melhores oportunidades económicas. Esta teoria realça a importância das redes sociais e das remessas para facilitar a migração e melhorar o bem-estar dos migrantes e das suas famílias. A migração rural-urbana na Nigéria é influenciada pelas condições económicas, pelas viagens individuais e pela estrutura familiar. A educação é um fator importante e a migração pode ser irregular e em cadeia. Os migrantes contribuem para o desenvolvimento da comunidade, mas as infra-estruturas deficientes, a pobreza e as oportunidades económicas podem expulsá-los. No contexto desta investigação, a teoria da nova economia da migração laboral é relevante de várias formas. Em primeiro lugar, ajuda a explicar por que razão os indivíduos de Gboko podem optar por migrar para zonas urbanas em busca de melhores oportunidades económicas, como empregos mais bem pagos ou acesso à educação e aos cuidados de saúde. Em segundo lugar, a teoria destaca o papel das redes sociais na facilitação e manutenção da migração, uma vez que os migrantes dependem frequentemente da família e dos amigos para obter apoio e informação. Por último, a teoria realça os potenciais benefícios da migração, como a melhoria dos resultados económicos e sociais tanto para os migrantes como para as suas famílias. Ao reconhecer as diversas motivações e experiências dos migrantes, esta teoria ajuda a realçar os importantes impactos sociais e económicos da migração tanto nas comunidades de origem como nas comunidades de acolhimento. Estas remessas podem também ter um efeito mais alargado na economia do país de origem como um todo, uma vez que trazem capital (Jennissen, 2017; Federal Reserve Bank of Minneapolis, 2019; Federal Reserve Bank of Chicago, 2020).

2.2.3Teoria da Escolha Racional

A Teoria da Escolha Racional foi proposta por Ravenstein em 1889. A teoria baseava-se na melhoria dos rendimentos e na satisfação da procura de mão de obra. A teoria postula que as pessoas tomam decisões com base em considerações racionais, pesando os benefícios e os custos das suas opções antes de fazerem uma escolha. De acordo com a teoria da escolha racional, os indivíduos migram por razões económicas, procurando oportunidades de salários mais elevados, melhores perspectivas de emprego e melhores padrões de vida. Assim, os residentes rurais podem optar por migrar para as zonas urbanas em busca de melhores perspectivas económicas, mesmo que estejam conscientes dos riscos e desafios associados à migração. Além disso, a teoria da escolha racional também sugere que os indivíduos tenham em conta os factores sociais e culturais que podem influenciar as suas decisões, como a disponibilidade de redes sociais e de sistemas de apoio comunitário tanto nas zonas rurais como nas urbanas.

No contexto da migração rural-urbana na cidade de Gboko, esta teoria pode ser aplicada para compreender o processo de tomada de decisão dos indivíduos que optam por migrar das zonas rurais para os centros urbanos e avaliar a forma como estes factores se alinham com os custos e benefícios identificados pela teoria de Ravenstein. De acordo com a teoria, os indivíduos migrarão se os benefícios de o fazer superarem os custos. Alguns dos benefícios da migração urbana podem incluir um melhor acesso a oportunidades de emprego, melhores cuidados de saúde e melhor educação para si e para os seus filhos. Por outro lado, os custos da migração podem incluir deixar para trás redes sociais estabelecidas, laços culturais e um sentido de comunidade. Assim, a Teoria da Escolha Racional pode oferecer informações úteis sobre o processo de tomada de decisão dos migrantes e as consequências da migração rural-urbana no contexto da cidade de Gboko.

2.3 Revisão da literatura relacionada

2.3.1 Migração num contexto global

Embora o fenómeno da migração possa parecer dúbio e estranho, a migração não é um fenómeno completamente novo. Na realidade, a migração faz parte da história da humanidade desde o início (IFRC e RCS, 2019). O aumento notável das migrações no contexto global é consistente com o reconhecimento do direito à deslocação. De acordo com o International Migration Report (2015), o direito à deslocação foi reconhecido globalmente há mais de meio século com a adoção da Declaração Universal dos Direitos Humanos. Neste contexto, a Declaração estabelece no seu artigo 13.º que "Toda a pessoa tem direito à liberdade de circulação e de permanência no interior das fronteiras de cada Estado" (International Migration Report, 2015).

Historicamente, uma consideração da migração global fornece uma visão não apenas dos alcances globais de uma economia industrial em expansão, mas também de como uma economia integrativa cresceu simultaneamente com forças políticas e culturais que favoreceram a fragmentação em nações, raças e perceções de regiões culturais distintas (McEvedy e Jones, 2018:159). As taxas de crescimento excessivo das tendências migratórias que se têm verificado em todo o mundo têm apresentado novos desafios para os países de acolhimento. De acordo com McEvedy e Jones (2018), registou-se um aumento do crescimento populacional em continentes como a América, a Europa, o Norte da Ásia e o Sudeste Asiático. Para ser muito mais preciso, as suas populações aumentaram num fator de 4 a 5,5 entre 1850 e 1950. Note-se ainda que as taxas de crescimento nestas áreas foram mais de duas vezes superiores às da população mundial no seu conjunto e cerca de 60 por cento superiores às de África, uma região de pequena imigração líquida (McEvedy e Jones, 2018). Em contrapartida, as taxas de crescimento nas regiões de origem foram inferiores ao crescimento da população mundial e menos de metade das das regiões de acolhimento. Em conjunto, as três principais regiões de destino representavam 10% da população mundial em 1850 e 24% em 1950 (McEvedy e Jones, 2018). O Sudeste Asiático cresceu mais lentamente do que os outros dois destinos, mas esse crescimento teve lugar numa área muito mais restrita e com uma população nativa muito mais enraizada. De 1870 a 1930, cerca de 35 milhões de migrantes deslocaram-se para os 4,08 milhões de quilómetros quadrados do Sudeste Asiático, em comparação com os 39 milhões de migrantes que se deslocaram para os 9,8 milhões de quilómetros quadrados dos Estados Unidos. Além disso, as taxas de emigração tendem a ser desiguais em determinadas regiões, com algumas aldeias ou países a enviarem muitos migrantes, enquanto outros quase não enviam migrantes. De acordo com (Mckeown, 2016), 19 milhões de emigrantes ultramarinos da China ou 29 milhões da Índia parecem uma gota no oceano em comparação com os vários milhões de países muito mais pequenos como a Itália, a Irlanda e a Inglaterra. Também se registou uma migração interna maciça dentro das principais regiões emissoras de longa distância. Na Europa, os migrantes da Irlanda viajaram para Inglaterra em busca de trabalho, e os da Europa Oriental e Meridional para as zonas industriais do Norte da Europa, especialmente França e Alemanha (Mckeown, 2016). Na Rússia, os migrantes deslocaram-se para as cidades em crescimento e para as zonas agrícolas do sul. Na Índia, deslocaram-se para as plantações de chá no sul e no nordeste, para as minas e as regiões produtoras de têxteis de Bengala, para as terras recentemente irrigadas e para as zonas urbanas da bacia do Yangtze, que ficaram subpovoadas devido à rebelião de Taipeng, e para as zonas fronteiriças do noroeste e do sudoeste, incluindo a migração terrestre para a Birmânia (Mckeown, 2016). A África registou uma imigração transoceânica líquida, mas em muito menor número do que outros destinos principais e de uma maior variedade de origens. A migração de trabalhadores para as plantações e minas na África Austral e Central aumentou ao longo do final do século XIX e início do século XX, tal como a migração para zonas agrícolas e cidades costeiras na África Ocidental e Oriental. Milhões de pessoas participaram nestes movimentos, algumas das quais foram coagidas e muitas das quais foram trabalhar para empresas europeias, mas muitas delas também encontraram ocupações independentes (Mckeown, 2016). Neste contexto, Mckeown (2016) observa ainda que: houve uma área de migração maciça causada pela guerra e pela política, um prenúncio dos tipos de migração que se tornariam cada vez mais proeminentes durante o século XX. A dissolução do Império Otomano e as guerras com a Rússia levaram a uma troca de 4 a 6 milhões de pessoas, com os muçulmanos a deslocarem-se na direção oposta. O movimento maciço de refugiados estender-se-ia a outras partes da Europa na sequência da Primeira Guerra Mundial e da revolução russa, incluindo o movimento de 3 milhões de russos, polacos e alemães para fora da União Soviética. Para além da migração de colonos e trabalhadores, algumas das diásporas tradicionais de comerciantes continuaram a florescer. Durante séculos antes de 1800, estas redes étnicas tinham sido alguns dos exemplos mais proeminentes de migração de longa distância (Mckeown, 2016). Mckeown (2016) afirma ainda que as taxas de migração aumentaram drasticamente em todo o mundo no último quartel do século XIX. Após a depressão do início da década de 1870, a migração transatlântica registou um boom e ultrapassou claramente a migração asiática pela primeira vez no final da década de 1870, embora a migração para o Sudeste Asiático tenha recuperado rapidamente na década de 1880. A migração para o Norte da Ásia seguiu o mesmo caminho na década de 1890. O desenvolvimento da tecnologia de transportes, como os navios a vapor e os caminhos-de-ferro em todas estas áreas, facilitou o aumento da migração. Por sua vez, a migração facilitou uma maior expansão industrial, o que incentivou mais migrações. À medida que a migração crescia, um número maior de migrantes para as Américas migrava para assumir ocupações industriais em cidades industriais, em vez de se dedicar à agricultura de fronteira, um padrão que seria seguido no norte da Ásia com um atraso de cerca de quinze a vinte anos

2.3.2 Migração rural-urbana na Nigéria

O fardo da migração rural-urbana na Nigéria é multifacetado e entrelaçado. Como tal, a análise de uma componente ou consequência decomponível, como a densidade populacional insuportável, afecta outras questões no âmbito do ciclo identificável de encargos. Por exemplo, ao examinar o efeito imediato da migração das zonas rurais para as urbanas, que é o aumento da população ou, no limite, a sua explosão, é de esperar que sejam considerados vários outros efeitos subsequentes. A explosão demográfica ativa o desafio da habitação, tanto a nível micro-familiar como macro-social (Dokubo, Sennuga, Omolayo, Bankole, & Barnabas, 2023). O congestionamento dos agregados familiares e das comunidades tem implicações tanto para a saúde como para a psicologia das vítimas. As cidades nigerianas, como Lagos, Port-Harcourt, Kano, Onitsha, entre outras, caracterizam-se por tráfego humano, congestionamentos de veículos, poluição ambiental, imigração consistente e expansão espúria de territórios para acomodar acréscimos humanos.

Lagos é a cidade mais afetada em termos de crescimento não planeado, cerca de 85% da atividade industrial do país está localizada em Lagos e é uma das cidades com crescimento mais rápido do mundo. A sua taxa de crescimento anual foi estimada em quase 14% durante a década de 1970 e a sua população atual está estimada em 15 milhões de habitantes (Censos, 2016). As projecções sugerem que, em 2020, será a terceira maior cidade do mundo (USAID, 2015). A migração rural-urbana tem um impacto significativo nos níveis de desemprego das cidades de destino. Entre 1998 e 1999, o desemprego urbano aumentou de 5,5% para 6,5%, uma taxa superior ao desemprego nacional que aumentou de 3,9% para 4,7% durante o mesmo período (USAID, 2015)

O aumento não planeado da população na maioria das cidades explica a degradação das infra-estruturas em contextos relevantes. Este é especialmente o caso da Nigéria, onde não é dada prioridade à manutenção das infra-estruturas existentes, que, ab-initio, estão situadas ao acaso devido a uma corrupção sem precedentes e à adjudicação tendenciosa de contratos (Okafor, 2015). É interessante notar que a maioria das estradas do país são intransitáveis, os hospitais carecem de recursos humanos e materiais necessários, as escolas estão degradadas e o fornecimento de eletricidade está longe de ser estável - na maioria das comunidades rurais, porém, não existe nenhuma destas infra-estruturas. A agonia das pessoas é visível nas frustrações decorrentes de doenças e mortes evitáveis, na falta de acesso a água potável, em actividades económicas subsistentes, em vários tipos de desemprego, no abuso de crianças em todas as suas ramificações e na diminuição da atenção dada às normas e valores sociais (Nwokocha, 2017). As comunidades rurais partilham este fardo através da perda de mão de obra necessária para as actividades e a produção agrícolas. O empobrecimento das zonas rurais na Nigéria explica-se em parte pela emigração de jovens capazes em busca de emprego nas cidades. Consequentemente, a agricultura, que antes da descoberta do petróleo era o pilar da economia da

Nigéria, foi relegada para segundo plano, conduzindo ao estatuto de mono-economia do país (Gimba, & Kumshe, 2017). A dependência excessiva do petróleo, argumenta-se aqui, conduziu a uma crise de emprego e a uma importação evitável de produtos agrícolas, que, ao longo dos anos, tiveram um efeito líquido negativo nas indústrias e produções locais, bem como nas balanças comerciais internacionais. Várias análises da economia da Nigéria insistem que os recursos petrolíferos têm sido mais uma maldição do que uma bênção para o desenvolvimento do país (Iwayemi, 2016). É imperativo notar que alguns migrantes na categoria discutida no presente estudo superaram a sua impotência imposta pela localidade nos novos destinos, enquanto a grande maioria dos outros empobreceu ao ponto de se tornar inadaptada socialmente, também conhecida como "rapazes e raparigas da zona". Outro fardo imposto pela migração das zonas rurais para as zonas urbanas é o número crescente de coabitações e uniões consensuais que resultam entre os casados e os que ainda não casaram. Embora alguns quadrantes possam argumentar que essas uniões, especialmente quando envolvem pessoas de diferentes origens étnicas, podem ter implicações positivas para a unidade do país a nível macro, as consequências negativas para os casamentos existentes e para a unidade familiar a nível micro são enormes. As questões acima referidas constituem o fardo e, nalguns casos, a agonia da migração rural-urbana na Nigéria, para a qual é essencial um pensamento crítico organizado e estratégias de intervenção específicas do contexto.

2.4 Revisão de estudos empíricos

Chukwuedozie & Ignatius (2018) realizaram um estudo sobre a análise dos impactos da migração rural-urbana no desenvolvimento socioeconómico das comunidades rurais do sudeste da Nigéria. O estudo examinou a seletividade dos migrantes e quantificou espacialmente os impactos da migração rural-urbana no desenvolvimento socioeconómico das comunidades rurais do sudeste da Nigéria. Os dados para o estudo foram obtidos através de um questionário e de entrevistas a informadores-chave. Quinze (15) áreas governamentais locais (LGAs) foram selecionadas aleatoriamente para este estudo e cada uma das LGAs representa uma zona geopolítica das três zonas geopolíticas em cada estado da Nigéria. Foram utilizadas estatísticas descritivas para realçar o padrão da migração rural-urbana e a análise de regressão múltipla foi utilizada para estimar os impactos da migração no desenvolvimento socioeconómico na área de estudo. Os resultados das análises mostram que a migração rural é selectiva para os homens, especialmente os que têm entre 20 e 39 anos. A migração também contribui significativamente, mas em diferentes magnitudes, para o desenvolvimento socioeconómico nos estados da área de estudo. Os resultados deste estudo também categorizaram a área de estudo em áreas de impacto relativamente baixo, moderado e elevado da migração rural-urbana. Com base nas conclusões, foram feitas recomendações como a satisfação das necessidades de infra-estruturas das comunidades rurais.

Aworemi, Abdul-Azeez & Opoola (2017) estudaram a avaliação dos factores que influenciam a migração rural-urbana em algumas áreas governamentais locais selecionadas do Estado de Lagos, na Nigéria. O estudo foi realizado em Lagos devido à sua elevada concentração de migrantes de diferentes partes do mundo. Cerca de 15 das 20 Áreas Governamentais Locais (LGAs) do Estado constituem a metrópole de Lagos. Estas 15 LGAs foram escolhidas propositadamente com base na população de migrantes e seis (6) delas foram selecionadas aleatoriamente dentro das suas categorias. Em cada LGA, as listas de ruas do Censo Nacional de 2021 foram usadas para desenhar uma lista aleatória de sete ruas das quais foram selecionados 10 inquiridos. No entanto, apenas 400 guias de entrevista foram analisados, dada a escassez de dados relevantes dos restantes 20. Os dados foram recolhidos através da utilização de um guia de entrevista pré-testado para obter informações dos inquiridos nas áreas de estudo. Foi adotado um modelo de regressão logística para a análise dos dados. O estudo revelou que o desemprego, a educação, as razões familiares, as comodidades sociais inadequadas nas comunidades rurais, a fuga ao tédio na agricultura e as razões de saúde são os principais factores que influenciam a migração rural-urbana na Nigéria. No entanto, recomendou-se que, para reduzir a taxa de migração, as zonas rurais deveriam ser dotadas de equipamentos funcionais, tais como água canalizada, eletricidade e instalações recreativas. Devem ser disponibilizadas boas instalações de ensino e professores qualificados nas zonas rurais. Devem ser criadas indústrias agro-alimentares nas zonas rurais, a fim de proporcionar oportunidades de emprego aos habitantes das zonas rurais. Omonigho & Olaniyan (2018) realizaram um estudo sobre as causas e consequências da migração rural-urbana na Nigéria: Um estudo de caso da área do governo local de Ogun waterside do Estado de Ogun, Nigéria. Este estudo investigou as causas e as consequências da migração rural-urbana na Nigéria entre 1999 e 2008, utilizando como estudo de caso a área da administração local de Ijebu Waterside do Estado de Ogun, na Nigéria. O estudo procurou encontrar respostas para as questões de investigação recorrendo à conceção de um inquérito e a técnicas de amostragem intencional para recolher dados de 144 inquiridos com a ajuda de um questionário estruturado de 10 itens e de uma entrevista pessoal. Os dados do estudo foram editados, codificados e analisados com recurso ao Statistical Packages for Social Sciences (SPSS) e a estatísticas descritivas. Os resultados revelaram que a maioria dos migrantes migrou para continuar a sua educação e não para procurar emprego, como concluíram muitos estudos anteriores. Revelou também que as consequências da emigração na zona incluem: ausência de jovens para ajudar os pais na sua profissão, falta de mão de obra para trabalhar nas explorações agrícolas e abandono da zona para os idosos e as crianças. O estudo recomendou uma política governamental concertada destinada a colmatar a lacuna existente entre as diferenças salariais e outras diferenças socioeconómicas entre as zonas rurais e urbanas, o apoio do governo ao desenvolvimento e financiamento de pequenas e médias empresas rurais e a agricultura.

Dokubo, Sennuga, Omolayo, Bankole & Barnabas (2023) efectuaram um estudo sobre o efeito da migração rural-urbana entre os jovens e o seu impacto no desenvolvimento agrícola na zona de Kuje, Abuja, Nigéria. O objetivo da investigação era determinar as razões e os efeitos da migração rural-urbana no Kuje Area Council, Abuja. As variáveis do estudo foram combinadas utilizando estatísticas descritivas, incluindo a frequência, a percentagem, os resultados médios e o desvio padrão. Os dados primários foram recolhidos através de questionários e entrevistas. Da análise, concluiu-se que a migração rural-urbana teve um impacto significativo na vida socioeconómica da população rural após a análise dos dados recolhidos. Os efeitos da migração na agricultura incluíram um declínio nas fontes de mão de obra agrícola doméstica, tanto nas comunidades de baixa como nas de alta migração, levando a um elevado grau de utilização de mão de obra contratada para as tarefas agrícolas. Foi estabelecido que a migração afecta gravemente a produtividade agrícola, resultando em rendimentos e produção alimentar mais baixos. De acordo com as conclusões, a incerteza económica, os factores de pressão e de atração contribuem para a migração rural-urbana, que tem efeitos prejudiciais na produtividade agrícola e no modo de vida da área de estudo. De acordo com o estudo, devem ser envidados esforços para impulsionar o crescimento das receitas locais e o desenvolvimento de equipamentos sociais. O estudo aconselha que é fundamental desenvolver perspectivas de emprego desejáveis e de ponta nos locais para os residentes rurais, os sem-terra e as comunidades desfavorecidas.

Joshua, Mariney & Aziz (2021) estudaram os impactos da migração rural-urbana nas comunidades rurais e nos centros urbanos no Estado de Plateau, no Centro-Norte da Nigéria. Consequentemente, o estudo procurou determinar os impactos criados nos centros rurais e urbanos e as suas causas de expansão; consequências positivas e negativas. Foi aplicado um método descritivo qualitativo ao estudo dos migrantes rurais e dos não migrantes, utilizando a técnica de amostragem intencional numa amostra de 1325 pessoas, através da qual foi extraída informação de um questionário bem estruturado, entrevistas aprofundadas e observação sistemática, que foi analisada utilizando estatísticas descritivas e análise de regressão múltipla com a ajuda do SPSS versão 23.0. Os resultados revelaram impactos positivos e negativos nas zonas rurais e urbanas. As experiências das comunidades rurais em termos de remessas, melhoria do bem-estar e projectos comunitários foram positivas, enquanto a dependência da população, a fraca produção agrícola e a insegurança alimentar foram consequências da migração. A mão de obra barata, a melhoria da produção e o aumento da população foram alguns dos benefícios da migração rural-urbana, ao passo que o congestionamento urbano, a utilização excessiva das infra-estruturas e o desemprego foram factores de influência negativa da migração rural-urbana nos centros urbanos. Nnorom & Daniel (2022) realizaram uma investigação sobre a migração rural-urbana e a atitude em relação às actividades de desenvolvimento baseadas na comunidade: A study of migrants in Enugu Metropolis. O estudo centrou-se nos migrantes rurais-urbanos na metrópole de Enugu, com grande ênfase nos factores de atração e de repulsão destilados, na atitude em relação às actividades de desenvolvimento comunitário e no empenho em associações baseadas no desenvolvimento na comunidade de origem e nas comunidades de acolhimento. Foram selecionados para o estudo 600 migrantes de 30 ruas/residências na metrópole de Enugu, utilizando técnicas de amostragem aleatória. O estudo adoptou uma conceção de inquérito e aplicou critérios inclusivos, tais como a duração da estadia na cidade e as categorias residenciais. Tendo em conta os principais objectivos do estudo, o rendimento anual dos migrantes antes e depois da migração desempenhou um papel importante como fator de atração e de repulsão. Isto foi verificado utilizando a regressão linear (p=.000), o estudo encontrou uma relação significativa entre a duração na cidade entre os migrantes e as remessas para actividades de desenvolvimento comunitário (χ^2 = 112.265, p .001). Este facto foi ainda investigado com a análise de correlação de Pearson, que revelou uma relação negativa. De igual modo, o estudo encontrou uma relação significativa entre a duração da estadia na cidade entre os migrantes e a filiação na associação de desenvolvimento comunitário na comunidade de origem (χ^2 = 58,746 p .001) e esta foi na direção positiva de acordo com a análise de correlação de Pearson. O estudo recomenda políticas de desenvolvimento inclusivo dos migrantes para aproveitar o potencial dos migrantes no desenvolvimento do seu local de destino, especialmente no que diz respeito à metrópole de Enugu.

Okah, Aghedo & Iyiani (2021) estudaram o impacto socioeconómico da migração nas comunidades rurais do Estado de Ebonyi, na Nigéria: Implications for Social Work Practice. O estudo utilizou a análise documental para analisar as causas e as consequências, bem como as implicações da migração. O estudo concluiu que a pobreza, a procura de mais educação, a falta de equipamentos sociais nas zonas rurais foram as principais causas da migração rural-urbana; enquanto o subdesenvolvimento rural, a insegurança alimentar, a falta de mão de obra para fins agrícolas foram algumas das consequências da migração rural-urbana. As implicações da migração para o trabalho social também são discutidas. O estudo recomendou que as comunidades rurais deveriam dispor de equipamentos e infra-estruturas sociais para evitar a migração desnecessária que afecta as zonas rurais. Os assistentes sociais devem também envolver-se na sensibilização das pessoas para os perigos associados à migração rural-urbana. Adekoya & Iyabosola (2022) estudaram o efeito da migração rural-urbana no desenvolvimento comunitário no Estado de Ogun, na Nigéria. Para permitir que o estudo atingisse os seus objectivos, foram colocadas cinco (5) questões de investigação. O estudo adoptou uma conceção de inquérito utilizando a técnica ex-post-facto. A população do estudo era constituída por todas as pessoas/habitantes das 10 áreas governamentais locais da zona senatorial de Ogun-East, das quais um total de quinhentas (500) foram selecionadas para constituir a amostra do estudo. O instrumento utilizado para a recolha de dados foi um questionário. As conclusões dos dados revelaram, entre outras, que as causas da migração rural-urbana na zona incluem a falta de oportunidades de emprego, a falta de educação, as infra-estruturas deficientes, os baixos rendimentos, o casamento e a crise comunitária. Além disso, os programas e intervenções existentes disponíveis na zona para erradicar a migração rural-urbana são o projeto de desenvolvimento FADAMA, os Cuidados de Saúde Primários, o fornecimento de eletricidade e o projeto de água canalizada. As pessoas da zona acreditam que a migração rural-urbana afecta a construção de estradas, a construção de câmaras municipais e a construção de escolas. As pessoas da zona acreditam que a migração rural-urbana através de remessas proporciona oportunidades de emprego, encoraja a industrialização, aumenta a força de trabalho da comunidade e causa uma queda nas actividades comerciais. O estudo concluiu que a migração rural-urbana tem um efeito positivo no desenvolvimento das zonas rurais.

CAPÍTULO TRÊS
METODOLOGIA DE INVESTIGAÇÃO

Este capítulo abordará o método a utilizar no estudo. O capítulo abordará os seguintes aspectos: conceção da investigação, população do estudo, necessidades de dados e fontes de dados, técnica e dimensão da amostragem, descrição do instrumento de investigação e método de análise dos dados.

3.1 Conceção da investigação

Neste estudo, será utilizado o método de investigação por inquérito. O método de conceção de inquérito é o mais adequado para este estudo devido às vantagens que oferece. Facilita a recolha de dados de um grande número de inquiridos, obtendo diferentes opiniões sobre o tema em estudo, e também oferece ao investigador uma grande flexibilidade na análise dos dados. Calhoun (2015) corrobora esta ideia, salientando que o método de inquérito é mais rápido na recolha de dados do que outros métodos, relativamente barato, preciso e permite o acesso a um vasto leque de participantes.

3.2 População do estudo

A população-alvo deste estudo inclui o número total de residentes activos da cidade de Gboko. A seleção basear-se-á em inquiridos que devem ter permanecido na cidade de Gboko durante pelo menos dez (10) anos. Acredita-se que a sua longevidade em Gboko significaria que devem ter vivido o influxo de migrantes que entram e saem da cidade. Com base nos dados projectados pela Nigeria Metro Area Population, a população da cidade de Gboko em 2023 está estimada em 488.162 habitantes

3.3 Necessidades de dados e fontes de dados

As fontes de recolha de dados para o trabalho de investigação serão fontes de dados primárias e secundárias. Para as fontes primárias, será utilizado um questionário para recolher dados dos inquiridos que fornecerão respostas às questões de investigação, enquanto para as fontes secundárias, os dados serão retirados de materiais relevantes, manuais escolares, revistas e artigos de jornais obtidos online, dentro e fora da biblioteca convencional, e serão devidamente reconhecidos para rever trabalhos de investigação relacionados com este estudo.

3.4 Dimensão da amostra e técnicas de amostragem

3.4.1 Determinação da dimensão da amostra

Relativamente a este estudo, a dimensão definitiva da amostra foi determinada utilizando a fórmula de dimensão da amostra de Taro Yamane (1967). (Ohaja, 2003) considera que a seleção de um tamanho de amostra "é necessária devido à impraticabilidade de estudar toda a população na maioria dos casos".

$$\frac{N}{1+N(e)^2}$$

Onde
n = dimensão da amostra
N = Elementos da população (488 162 no presente estudo)
e = Erro de amostragem (proporção de 0,05 neste estudo).
Por conseguinte:

$$n = \frac{488.162}{1 + 488,162 \times (0.05)^2}$$

$$n = \frac{488.162}{1 + 488,162 \times 0.0025}$$

$$n = \frac{488.162}{1,221.405}$$

$$n = 399.6725$$

$$n = 400 \text{ (approximately)}$$

Por conseguinte, a dimensão da amostra para este estudo foi de 400.

3.4.2 Técnica e procedimento de amostragem

Neste contexto, serão utilizadas várias fases para selecionar os inquiridos para este estudo. Em primeiro lugar, será utilizada uma amostragem estratificada para dividir a cidade de Gboko nas principais zonas de povoamento de Gboko-Sul, Gboko-Oeste, Gboko-Norte, Gboko-Leste e Gboko-Central. Osuala (2017) observa que isto implica dividir a população em estratos separados numa técnica de amostragem que se presume estar estreitamente associada às variáveis em estudo. Em segundo lugar, será utilizada uma amostragem intencional para selecionar ruas nas principais áreas de povoamento. Serão selecionadas dezasseis (8) ruas de cada uma das áreas de povoamento identificadas acima, elevando o número total de ruas para oitenta (40). A terceira fase será a seleção dos agregados familiares. Aqui, será utilizada a técnica de amostragem aleatória simples para selecionar compostos de cada uma das ruas selecionadas. Será selecionado um total de duas (2) casas em cada rua, elevando o número total de casas selecionadas para noventa e seis (80) casas. Serão selecionados aleatoriamente cinco inquiridos em cada casa, elevando o número total de inquiridos para quatrocentos (400). Esta seleção basear-se-á nas pessoas que têm permaneceu em Gboko durante mais de dez anos.

Tabulação da população amostrada das zonas selecionadas

S/N	Distrito	N.º de ruas	N.º de agregados familiares	N.º de inquiridos
1.	Gboko-Oeste	8	2	5
2.	Gboko-Sul	8	2	5
3.	Gboko-Este	8	2	5
4.	Gboko-Central	8	2	5
5.	Gboko-Norte	8	2	5
	TOTAL	40	10	400

Fonte: Inquérito de campo (2023)

3.5 Método de recolha de dados

Neste estudo, serão utilizados questionários para obter os dados necessários dos inquiridos selecionados e serão recolhidos após a sua conclusão. Um questionário é utilizado para averiguar factos, opiniões, crenças, atitudes, ideias, práticas e outras informações demográficas (Obasi, 1999). O questionário será dividido em duas partes. A Parte A conterá itens sobre a demografia dos inquiridos, enquanto a Parte B conterá itens que responderão às perguntas de investigação formuladas para o estudo. O questionário será concebido de forma a que se possa obter toda a informação necessária relativa ao estudo. Serão utilizados dois amigos para ajudar a administrar o questionário aos inquiridos.

3.7Método de análise de dados

Os dados recolhidos serão analisados através de um quadro simples que apresenta as respectivas frequências e percentagens. Estes instrumentos estatísticos serão utilizados porque são os meios mais adequados para decompor e analisar os dados gerados.

CAPÍTULO QUATRO
APRESENTAÇÃO DOS DADOS, ANÁLISE E DISCUSSÃO DOS RESULTADOS

Os dados recolhidos para o estudo através de um inquérito utilizando um questionário como instrumento para determinar o impacto da migração rural-urbana na cidade de Gboko, no Estado de Benue, são apresentados em tabelas e analisados utilizando percentagens para determinar a frequência de ocorrência das variáveis estudadas. A análise é efectuada com as 400 cópias do questionário recuperadas das 400 que foram administradas (representando uma taxa de resposta de 100%) e consideradas utilizáveis.

4.1Apresentação e análise dos dados

Quadro 1: Distribuição dos inquiridos por género

Género	Frequência	Percentagem
Masculino	207	56
Feminino	194	44
Total	400	100

Fonte: Inquérito de campo, 2023

O quadro 1 mostra a distribuição por género dos inquiridos. Os resultados revelaram que, dos inquiridos que preencheram o questionário, 207 inquiridos são do sexo masculino (56%), enquanto 194 inquiridos são do sexo feminino (44%). Isto significa que a maioria dos residentes na cidade de Gboko é do sexo masculino.

Quadro 2: Distribuição etária dos inquiridos

Idade	Frequência	Percentagem
0-18 anos	62	16
19-45 anos	205	51
46-65 anos	94	24
66 anos ou mais	39	10
Total	400	100

Fonte: Inquérito de campo, 2023

A Tabela 2 mostra a distribuição etária dos inquiridos. Como se pode ver no quadro acima, os resultados revelaram que 62 (16%) dos inquiridos têm idades compreendidas entre os 0 e os 18 anos; 205 (51%) têm idades compreendidas entre os 19 e os 45 anos; 94 (24%) dos inquiridos têm idades compreendidas entre os 46 e os 65 anos; 39 (10%) têm idades compreendidas entre os 66 anos e mais. Isto implica que a maioria dos residentes na cidade de Gboko tem entre 19 e 55 anos.

Quadro 3: Distribuição conjugal dos inquiridos

Estado civil	Frequência	Percentagem
Individual	233	58
Casado	116	29
Divorciado	13	3
Viúva	38	10
Total	400	100

Fonte: Inquérito de campo, 2023

A Tabela 3 mostra a distribuição dos inquiridos de acordo com o seu estado civil. Os dados revelam que 233 (58%) inquiridos são solteiros, 116 (29%) são casados, 13 (3%) são divorciados e 38 (10%) dos inquiridos são viúvos. Isto mostra que o número dominante de residentes na cidade de Gboko é solteiro.

Quadro 4: Distribuição dos inquiridos por religião

Religião	Frequência	Percentagem
O cristianismo	303	76
Islão	97	24
Total	400	100

Fonte: Inquérito de campo, 2023

A Tabela 4 acima mostra a distribuição religiosa dos inquiridos. Os resultados indicam que 303 (76%) dos inquiridos são cristãos, enquanto 97 (24%) são muçulmanos. Isto sugere simplesmente que os cristãos são a maioria dos residentes na cidade de Gboko.

Quadro 5: Distribuição dos inquiridos por nível de escolaridade

Nível de escolaridade	Frequência	Percentagem
F.S.L.C	123	31
OND/ND	67	17
HND	64	16
NCE	53	13
Grau	91	23
Total	400	100

Fonte: Inquérito de campo, 2023

A Tabela 5 mostra a distribuição dos inquiridos por nível de escolaridade. Os resultados mostraram que 123 inquiridos (31%) adquiriram o Primeiro Certificado de Conclusão do Ensino Secundário (F.S.L.C); 67 (17%) adquiriram o OND/ND; 64 (16%) adquiriram o HND; 53 (13%) adquiriram o NCE, enquanto 91 inquiridos (23%) adquiriram o grau académico. Isto implica que há mais detentores do Primeiro Certificado de Conclusão do Ensino Secundário (F.S.L.C) entre os residentes da cidade de Gboko.

Tabela 6: Distribuição dos inquiridos por grupo étnico

Grupos étnicos	Frequência	Percentagem
Igede	57	14
Hausa	45	5
Idoma	55	14
Tiv	178	45
Outros	65	16
Total	400	100

Fonte: Inquérito de campo, 2023

O Quadro 6 apresenta a distribuição dos inquiridos por grupos étnicos. Indica que 57 inquiridos (14%) são Igede; 45 inquiridos (5%) são Hausa; 55 inquiridos (14%) são Idoma; 178 inquiridos (45%) são Tiv, enquanto 65 inquiridos (16%) são de outras tribos. Isto implica que a maioria dos residentes domiciliados na cidade de Gboko são de extração Tiv.

Quadro 7: Qual é a dimensão da sua família

Tamanho da família	Frequência	Percentagem
1-2	57	14
3-4	45	5
5-7	55	14
8-9	178	45
10 e mais	65	16
Total	400	100

Fonte: Inquérito de campo, 2023

Procurou-se obter informações sobre a dimensão das famílias dos inquiridos. Os resultados indicam que 57 inquiridos (14%) concordaram que o tamanho da sua família se situa entre 1 e 2; 45 inquiridos (5%) concordaram que o tamanho da sua família se situa entre 3 e 4; 55 inquiridos (14%) concordaram que o tamanho da sua família se situa entre 5 e 7; 178 inquiridos (45%) concordaram que o tamanho da sua família se situa entre 8 e 9 e 65 inquiridos (16%) concordaram que o tamanho da sua família se situa entre 10 e mais. Isto implica que a maioria dos residentes na cidade de Gboko tem uma família de tamanho entre 8-9.

Quadro 8: Duração da estadia na cidade de Gboko

Duração	Frequência	Percentagem
1-3 anos	116	29
4-7 anos	233	58
8-11 anos	13	3
12 anos ou mais	38	10
Total	400	100

Fonte: Inquérito de campo, 2023

O Quadro 8 mostra a distribuição dos inquiridos de acordo com o número de anos de permanência na cidade de Gboko. Os dados revelam que 116 (29%) inquiridos permaneceram na cidade de Gboko entre 1 e 3 anos; 233 (58%) inquiridos permaneceram na cidade de Gboko entre 4 e 7 anos; 13 (3%) inquiridos permaneceram na cidade de Gboko entre 8 e 11 anos, enquanto 38 (10%) inquiridos permaneceram na cidade de Gboko entre 12 anos e mais. Isto mostra que o número dominante de residentes na cidade de Gboko que permaneceram na cidade de Gboko entre 4-7 anos.

Quadro 9: Profissão dos inquiridos

Ocupação	Frequência	Percentagem
Agricultura	86	21
Comércio	67	16
Função Pública	120	30
Artesanato	127	32
Total	400	100

Fonte: Inquérito de campo, 2023

A Tabela 9 apresenta a ocupação dos inquiridos. Indica que 86 inquiridos (21%) são agricultores; 67 inquiridos (16%) são comerciantes; 120 inquiridos (30%) são funcionários públicos, enquanto 127 inquiridos (21%) se dedicam ao artesanato. Na tabela acima, a principal conclusão é 127 (32%), o que implica que a maioria dos residentes de Gboko se dedica ao artesanato como fonte de subsistência.

Quadro 10: Rendimento anual dos inquiridos

Rendimento	Frequência	Percentagem
50-100,000	66	17
100,000-200,000	40	10
200,000-300,000	89	22
300 000 e mais	205	51
Total	400	100

Fonte: Inquérito de campo, 2023

A Tabela 10 apresenta os rendimentos anuais dos inquiridos. Os resultados mostram que 66 inquiridos (17%) ganham entre 50-100.000 por ano; 40 inquiridos (16%) ganham entre 100.000-200.000 por ano; 89 inquiridos (22%) ganham entre 200.000-300.000 por ano e 205 inquiridos (51%) ganham entre 300.000 e mais por ano. Isto significa que a maioria dos residentes de Gboko ganha entre 300 000 e mais por ano.

Quadro 11: Impacto da migração rural-urbana na cidade de Gboko				
VARIÁVEL	SA	A	DS	SD
Redução do rendimento das famílias nas aldeias	295	46	30	29
	(74%)	(12%)	(8%)	(7%)
Baixa produtividade agrícola nas	aldeias287	54	25	34
(72%)		(14%)	(6%)	(9%)
Custo elevado da mão de obra	290	51	39	20
(73%)		(13%)	(10%)	(5%)
Aumento da mão de obra e melhoria da produtividade nas zonas urbanas	291	50	34	25
	(73%)	(13%)	(9%)	(6%)
Aumento da população nas zonas urbanas	265	76	29	30
	(66%)	(19%)	(7%)	(8%)
Congestionamento humano e veicular em áreas urbanas	295	46	30	29
	(74%)	(12%)	(8%)	(7%)
Poluição ambiental nas zonas urbanas	290	51	39	20
	(73%)	(13%)	(10%)	(5%)
Custo de vida elevado nas zonas urbanas	300	34	33	33
	(75%)	(9%)	(8%)	(8%)
Aumento das exigências em matéria de infra-estruturas	306	36	30	31
	(77%)	(9%)	(8%)	(8%)
Utilização excessiva de equipamentos sociais	275	66	30	29
	(69%)	(17%)	(8%)	(7%)

Fonte: Inquérito de campo, 2023

O Quadro 15 procura examinar o impacto da migração rural-urbana na cidade de Gboko. A partir dos resultados, 295 inquiridos (74%) concordam fortemente que a migração rural-urbana provoca a redução do rendimento das famílias nas aldeias, 46 inquiridos (12%) concordam, 30 inquiridos (8%) discordam e 29 inquiridos (7%) discordam que a migração rural-urbana provoca a redução do rendimento das famílias nas aldeias. 287 inquiridos (72%) concordam fortemente que causa baixa produtividade agrícola nas aldeias, 54 inquiridos (14%) concordam, 25 inquiridos (6%) discordam enquanto 34 inquiridos (9%) discordam que causa baixa produtividade agrícola nas aldeias. 290 inquiridos (73%) concordam fortemente que conduz a um custo elevado da mão de obra, 51 inquiridos (13%) concordam, 39 inquiridos (10%) discordam enquanto 20 inquiridos (5%) discordam que conduz a um custo elevado da mão de obra.

Os resultados também mostram que 291 inquiridos (73%) concordam fortemente que conduz ao aumento da força de trabalho e à melhoria da produtividade nas zonas urbanas, 50 inquiridos (13%) concordam, 34 inquiridos (9%) discordam, enquanto 25 inquiridos (5%) discordam que conduz ao aumento da força de trabalho e à melhoria da produtividade nas zonas urbanas. Os resultados também mostram que 265 inquiridos (66%) concordam fortemente que conduz ao aumento da população nas zonas urbanas, 76 inquiridos (19%) concordam, 29 inquiridos (7%) discordam, enquanto 30 inquiridos (8%) discordam que conduz ao aumento da população nas zonas urbanas. 295 inquiridos (74%) concordam fortemente que provoca o congestionamento de pessoas e veículos nas zonas urbanas, 46 inquiridos (12%) concordam, 30 inquiridos (8%) discordam e 29 inquiridos (7%) discordam que provoca o congestionamento de pessoas e veículos nas zonas urbanas. 290 inquiridos (73%) concordam fortemente que causa poluição ambiental nas zonas urbanas, 51 inquiridos (13%) concordam, 39 inquiridos (10%) discordam, enquanto 20 inquiridos (5%) discordam que causa poluição ambiental nas zonas urbanas. Os resultados também mostram que 300 inquiridos (75%) concordam fortemente que o custo de vida nas zonas urbanas é elevado, 34 inquiridos (9%) concordam, 33 inquiridos (8%) discordam e 33 inquiridos (8%) discordam que o custo de vida nas zonas urbanas é elevado. 306 inquiridos (77%) concordam fortemente que conduz a um aumento da procura de infra-estruturas, 36 inquiridos (9%) concordam, 30 inquiridos (8%) discordam e 31 inquiridos (8%) discordam que conduz a um aumento da procura de infra-estruturas. Os resultados também mostram que 275 inquiridos (69%) concordam fortemente que conduz a uma utilização excessiva dos equipamentos sociais, 66 inquiridos (17%) concordam, 30 inquiridos (8%) discordam e 29 inquiridos (7%) discordam que conduz a uma utilização excessiva dos equipamentos sociais. Isto implica que a maioria dos residentes de Gboko concorda fortemente que a migração rural-urbana é gravemente afetada de várias formas. Tem um impacto significativo no rendimento das famílias, na produtividade agrícola, nos custos de mão de obra, na perda de valor sociocultural do mercado, no crescimento da população, no congestionamento, na poluição ambiental, no elevado custo de vida, nas exigências de infra-estruturas e na sobreutilização de equipamentos sociais na área de estudo.

Quadro 12: Se devem ser implementadas iniciativas para reduzir o afluxo da migração rural-urbana

Variable	Frequency	Percentage
Yes, I do	389	97
No, I don't	11	3
Total	**400**	**100**

Fonte: Inquérito de campo, 2023

O Quadro 16 mostra as opiniões dos inquiridos sobre a implementação de iniciativas para reduzir o afluxo da migração rural-urbana. Em resposta à pergunta acima, 389 dos 400 inquiridos (97%) concordaram que devem ser implementadas iniciativas para reduzir o afluxo da migração rural-urbana, enquanto 11 inquiridos (3%) foram da opinião de que não devem ser implementadas iniciativas para reduzir o afluxo da migração rural-urbana. Isto significa que a maioria dos residentes de Gboko sugeriu que fossem implementadas iniciativas para reduzir o afluxo da migração rural-urbana.

Quadro 13: Intervenções/programas sugeridos para erradicar a migração rural-urbana

VARIÁVEL	SA	A	DS	SD
Desenvolvimento do empreendedorismo rural	295	46	30	29
	(74%)	(12%)	(8%)	(7%)
Programa de Modernização Agrícola	287	54	25	34
	(72%)	(14%)	(6%)	(9%)
Programas de desenvolvimento de infra-estruturas rurais	290	51	39	20
	(73%)	(13%)	(10%)	(5%)
Programas de educação e desenvolvimento de competências	291	50	34	25
	(73%)	(13%)	(9%)	(6%)
Programas de teletrabalho e trabalho à distância	265	76	29	30
	(66%)	(19%)	(7%)	(8%)
Programas de habitação a preços acessíveis	295	46	30	29
	(74%)	(12%)	(8%)	(7%)
Programas de melhoria do acesso aos cuidados de saúde	290	51	39	20
	(73%)	(13%)	(10%)	(5%)
Programas de desenvolvimento do turismo	300	34	33	33
	(75%)	(9%)	(8%)	(8%)
Programas de microfinanciamento e	306	36	30	31

crédito				
	(77%)	(9%)	(8%)	(8%)
Programas de desenvolvimento comunitário	275	66	30	29
	(69%)	(17%)	(8%)	(7%)

Fonte: Inquérito de campo, 2023

A Tabela 17 procura explorar as Intervenções/Programas sugeridos para serem introduzidos para erradicar a migração rural-urbana na cidade de Gboko. Dos resultados, 14 inquiridos (14%) sugeriram o Desenvolvimento do Empreendedorismo Rural; 16 inquiridos (4%) sugeriram o Programa de Modernização Agrícola; 12 inquiridos (3%) sugeriram o Programa de Desenvolvimento de Infra-estruturas Rurais; 16 inquiridos (4%) sugeriram o Programa de Educação e Desenvolvimento de Competências; 13 inquiridos (3%) sugeriram o Programa de Teletrabalho e Trabalho Remoto; 19 inquiridos (5%) sugeriram o Programa de Habitação Acessível; 14 inquiridos (4%) sugeriram o Programa de Melhoria do Acesso aos Cuidados de Saúde; 15 inquiridos (4%) sugeriram o Programa de Desenvolvimento do Turismo; 10 inquiridos (3%) sugeriram o Programa de Microfinanciamento e Crédito; 18 inquiridos (5%) sugeriram o Programa de Desenvolvimento Comunitário, enquanto 253 inquiridos (61%) sugeriram a implementação de todas as iniciativas supramencionadas. Isto significa que a maioria dos residentes de Gboko sugeriu que todas as iniciativas acima mencionadas fossem implementadas para melhorar o influxo dessa migração rural-urbana na cidade de Gboko.

Quadro 14: Eficácia das intervenções/programas introduzidos para erradicar a migração rural-urbana

Variável	Frequência	Percentagem
Muito eficaz	228	57
Eficaz	116	29
Muito ineficaz	35	9
Indecisos	21	5
Total	400	100

Fonte: Inquérito de campo, 2023

Procurou-se obter informações sobre o grau de eficácia que os inquiridos consideram que a iniciativa teria. Como indicado na Tabela 17 acima, a maioria dos inquiridos 228 (57%) indicou que as iniciativas serão muito eficazes; 116

inquiridos representando (29%) indicaram que as iniciativas serão eficazes; 35 inquiridos representando (9%) indicaram que as iniciativas serão muito ineficazes, enquanto os restantes 21 inquiridos constituindo (5%) estavam indecisos sobre a eficácia. O resultado do inquérito indica, portanto, que as iniciativas serão muito eficazes para atenuar o afluxo da migração rural-urbana.

4.2 Discussão dos resultados

Esta secção trata da discussão de todas as conclusões recolhidas no estudo, tal como apresentadas e analisadas acima. A análise é efectuada com base nas 400 cópias do questionário recuperadas das 400 que foram administradas (representando uma taxa de resposta de 100%) e consideradas utilizáveis. Assim, o estudo indica que 178 inquiridos (45%) têm um tamanho de família entre 8-9. Os dados também indicam que 233 (58%) inquiridos permaneceram na cidade de Gboko entre 4 e 7 anos. Os dados indicam que 127 inquiridos (21%) se dedicam ao artesanato. Os dados também mostram que 205 inquiridos (51%) ganham entre 300.000 e mais por ano. Esta constatação está de acordo com as conclusões da FAO (2015), segundo as quais as causas da migração rural-urbana não são exageradas pelo facto de não terem muita experiência nas suas actividades nas zonas rurais, em resultado de alguns factores subjacentes à exposição inadequada a técnicas e aplicações básicas na realização de operações. A partir dos resultados, descobrimos que 242 inquiridos (61%) concordam fortemente que o impacto é significativo no rendimento das famílias, na produtividade agrícola, nos custos laborais, na perda de valor sociocultural do mercado, no crescimento populacional, no congestionamento, na poluição ambiental, no elevado custo de vida, nas exigências infra-estruturais e na sobreutilização dos equipamentos sociais. Esta conclusão concorda com as conclusões de Ullah & Haque, (2020) & Imran et al., (2016) de que a migração rural-urbana tem um impacto significativo no rendimento das famílias, na produtividade agrícola, nos custos laborais, na perda de valor sociocultural do mercado, no crescimento populacional, no congestionamento, na poluição ambiental, no elevado custo de vida, na procura de infra-estruturas e na sobreutilização de equipamentos sociais. A migração a longo prazo para as cidades impede os migrantes de regressarem a casa durante a época agrícola, o que leva a uma baixa produtividade devido à escassez de mão de obra. Uma investigação realizada no Estado de Imo, na Nigéria, concluiu que a ausência de uma maior proporção de membros do agregado familiar nas suas casas afecta as operações agrícolas. As regiões de acolhimento oferecem oportunidades ricas, estabilidade política e melhores condições de vida, enquanto as regiões de origem enfrentam escassez de oportunidades, instabilidade política, depressão económica e riscos para a saúde (Hindman & Hindman, 2014; Fadayomi, 2014). Os dados também mostram que 389 dos 400 inquiridos (97%) sugeriram que fossem implementadas iniciativas para reduzir o afluxo da migração rural-urbana. De acordo com a maioria dos inquiridos, 253 inquiridos (61%) sugeriram a proposta de empreendedorismo rural, modernização agrícola, desenvolvimento de infra-estruturas, educação, teletrabalho, habitação a preços acessíveis, melhoria do acesso aos cuidados de saúde, desenvolvimento do turismo, microfinanciamento e desenvolvimento comunitário. Do mesmo modo, a maioria dos inquiridos 228 (57%) indicou que as iniciativas serão muito eficazes. Estes resultados colaboram com Kumar & Singh (2019), que afirmaram que tais programas promovem o empreendedorismo rural através de formação, orientação, apoio financeiro e melhorias nas práticas agrícolas, infra-estruturas, educação, cuidados de saúde, turismo e desenvolvimento comunitário.

CAPÍTULO CINCO
RESUMO, CONCLUSÃO E RECOMENDAÇÕES

5.1 Resumo

O principal objetivo deste estudo foi avaliar os efeitos da migração rural-urbana na cidade de Gboko, no Estado de Benue. Foi adoptada uma conceção de investigação por inquérito, utilizando um questionário para a recolha de dados. O estudo centrou-se no exame e na análise dos impactos e consequências da deslocação de indivíduos das zonas rurais para as zonas urbanas, especificamente na cidade de Gboko, situada no Estado de Benue. Para cumprir os objectivos da investigação, o estudo procurou responder a quatro perguntas: descrever as caraterísticas socioeconómicas dos migrantes na cidade de Gboko; identificar os factores associados à migração rural-urbana na cidade de Gboko; examinar o impacto da migração rural-urbana na cidade de Gboko; e identificar medidas que reduziriam a migração rural-urbana na cidade de Gboko. Foram aplicadas três teorias - a Teoria Push-Pull, a Teoria da Nova Economia da Migração Laboral e a Teoria da Escolha Racional - para explicar o efeito em geral. Os resultados mostram que;

i. Os residentes da cidade de Gboko têm predominantemente 8-9 famílias, permanecem 4-7 anos, dedicam-se ao artesanato como meio de subsistência e ganham 300.000 ou mais por ano.

ii. Os residentes de Gboko atribuem a migração rural-urbana principalmente à insegurança, à falta de instalações recreativas, à procura de melhor educação e competências e de oportunidades de emprego para melhorar o rendimento e o casamento, bem como à falta de instalações recreativas nas aldeias.

iii. Os residentes de Gboko concordam fortemente que a migração rural-urbana tem um impacto significativo no rendimento das famílias, na produtividade agrícola, nos custos de mão de obra, no crescimento da população, no congestionamento, na poluição ambiental, no elevado custo de vida, nas exigências infra-estruturais e na sobreutilização dos equipamentos sociais.

iv. Os residentes de Gboko recomendam vivamente a implementação de iniciativas para reduzir a migração rural-urbana, uma vez que os resultados do inquérito sugerem que estas medidas atenuarão eficazmente o afluxo dessa migração.

5.2 Conclusão

As conclusões deste estudo lançam luz sobre a dinâmica socioeconómica na cidade de Gboko, realçando os principais factores que impulsionam a migração rural-urbana e os seus impactos multifacetados nas comunidades urbanas e rurais. O estudo revela que as decisões de migração dos residentes de Gboko são influenciadas por vários factores, como a dimensão da família, a duração da residência, os padrões de subsistência e os níveis de rendimento. As razões para a migração incluem inseguranças, oportunidades de educação, perspectivas de emprego e considerações matrimoniais. As deficiências sentidas nas zonas rurais, como a falta de instalações recreativas, também incentivam a migração. O estudo sublinha os impactos significativos da migração rural-urbana no rendimento das famílias e na sustentabilidade ambiental, destacando a necessidade de intervenções eficazes. A aprovação de iniciativas para travar a migração significa um reconhecimento coletivo da necessidade de medidas proactivas. Ao implementar intervenções direcionadas para abordar as causas profundas identificadas neste estudo, os decisores políticos podem trabalhar no sentido de mitigar o influxo da migração, promovendo assim o desenvolvimento sustentável e melhorando o bem-estar das populações urbanas e rurais em Gboko e não só.

5.3 Recomendação

Com base nos resultados e conclusões deste estudo, foram feitas as seguintes recomendações:

i. A promoção da educação para o planeamento familiar, a habitação a preços acessíveis, as iniciativas de desenvolvimento de competências e a formação em literacia financeira podem ajudar a gerir a dimensão das famílias, a diversificar as oportunidades de subsistência e a garantir a estabilidade financeira.

ii. O governo e as ONG devem envidar esforços para melhorar as infra-estruturas de segurança, melhorar o acesso a uma educação de qualidade, promover o desenvolvimento económico através da criação de emprego e melhorar as instalações recreativas para melhorar a qualidade de vida e reduzir as pressões migratórias nas zonas rurais.

iii. Os responsáveis governamentais devem dar prioridade às práticas agrícolas sustentáveis, à escassez de mão de obra rural, ao planeamento urbano, à habitação a preços acessíveis, ao desenvolvimento de infra-estruturas e às iniciativas comunitárias para gerir o crescimento da população, atenuar a poluição ambiental, aliviar as comodidades sociais e enfrentar os desafios

relacionados com a migração.
iv. O governo, as ONG e as organizações comunitárias devem colaborar para criar oportunidades de subsistência sustentáveis nas zonas rurais através de programas de emprego, melhorando o acesso a serviços básicos e abordando questões de migração através da educação e do desenvolvimento de competências.

REFERÊNCIAS

Abaa, S.I (2016).Origem da calha do Benue e seu significado económico para a Nigéria. Segunda Aula Inaugural da Universidade Estatal de Benue, Makurdi, Estado de Benue.

Abah, R. C. (2016). Perceção rural dos efeitos das alterações climáticas em Otukpo, Nigéria.
Journal of Agriculture and Environment for International Development, 108(2), 153-
166.https://doi.org/10.12895/jaeid.20162.217

Adepoju, A. (2019). Gestão das migrações na África Ocidental no contexto do Protocolo da CEDEAO sobre a livre circulação de pessoas e da abordagem comum em matéria de migração: Challenges an prospects, in regional challenges of West African migration: African and European Perspectives, OECD Publishing, Paris. Disponível em https://doi.org/10.1787/9789264056115-3-en.

Adewale, J. G. (2015). Factores socioeconómicos associados à migração urbano-rural na Nigéria: Um estudo de caso do Estado de Oyo, Nigéria. Jornal de Ecologia Humana 17(1),13-16,
DOI: http://dx.doi.org/10.1080/09709274.2015.11905752/

Ajearo CK, Madu IA, Mozie AT (2018). Avaliação dos factores da migração rural-urbana no sudeste da Nigéria. Revista Innovare de Ciências Sociais, 1(2): 1-8

Ajaero, Chukwuedozie & Onokala, Patience. (2018). Os efeitos da migração rural-urbana nas comunidades rurais do sudeste da Nigéria. Jornal Internacional de Pesquisa Populacional. 2018. 10.1155/2018/610193.

Alarima, C. I. (2018). Factores que influenciam a migração rural-urbana dos jovens no Estado de Osun, Nigéria. Agro-Science Journal of Tropical Agriculture, Food, environment and Extension, 17(3), 34-39. Disponível em www.ajol.info. Acedido em 5 Out., 2020.

Amrevurayire E. O. & Ojeh V. N. (2016). Consequências da migração rural-urbana na região de origem do clã Ughievwen do Estado do Delta, Nigéria. Revista Europeia de Geografia, 7(3), 42-
57. Disponível em www.ajol.info. Acedido em 20 Set., 2020.

Ate, A. A., Egielewa, P., & Hasan, M. (2019). Relatórios de migração na Nigéria: Towards an effective model. Global Media Journal, 17(32), 23-34.

Aworemi J. R., Abdul-Azeez I. A. & Opoola N.A. (2017). Uma avaliação dos factores que influenciam a migração rural-urbana em algumas áreas governamentais locais selecionadas do Estado de Lagos, Nigéria. Revista de

Desenvolvimento Sustentável, 4(3), 84-86.
Babi, M. L. A., Guogping, X., & Ladu, J. L. C. (2017). Causas e consequências da migração rural-urbana: O caso da área metropolitana de Juba, República do Sudão do Sul. Série de conferências do IOP: Earth and Environmental science, 81. 2nd Conferência Internacional sobre Materiais, Ciência, Energia, Tecnologia e Engenharia Ambiental, 28-30, abril, Zhunai, China.
Bezu, S., & Stein, H. (2016). Os jovens rurais da Etiópia estão a abandonar a agricultura? World Development, 64, 259-72. Disponível em mdpi.com. Acedido em 15 de setembro de 2020.
Bisseleua, H., Latifou, I., Adebayo, O. & Kwesi, A. (2018). Diversificação e estratégias de subsistência na cintura do cacau da África Ocidental: The need for fundamental change. Perspetiva de Desenvolvimento Mundial, 10, 73-79.
Chand, M. (2019). Diásporas, migração e comércio: A diáspora indiana na América do Norte. Journal of Enterprising Communities, People and Places in the Global Economy 6, 383- 96.
Darkwah, S. A., & Nahanga V. (2016). Determinantes da migração internacional: The Nigerian experience. Ata Universitatis Agriculturae et Silviculturae Mendelianae Brunensis 62, 321-27.
De Haas H. (2017). O mito da invasão: Irregular migration from West Africa to the Maghreb and the European Union [Migração irregular da África Ocidental para o Magrebe e a União Europeia]. Oxford: Instituto de Migração Internacional, Universidade de Oxford.
De Haas H. (2020). Migration transitions: A theoretical and empirical inquiry into the developmental drivers of international migration. Documento de trabalho do IMI, 24. Oxford: Instituto de Migração Internacional, Universidade de Oxford.
Deshingkar, P. (2016). Understanding the Implications of Migration for Pro-poor Agricultural Growth (Compreender as implicações da migração para o crescimento agrícola a favor dos pobres). Um documento preparado para a reunião do Grupo de Trabalho sobre Agricultura POVNET do CAD, Helsínquia, 17-18 de junho de 2016,pp.1-20, https://agris.fao.org/agrissearch/search.do?recordID=GB2018201904.
Dokubo, E. M., Sennuga, S. O., Omolayo, A. F., Bankole, O.-L. & Barnabas, T. M. (2023). Effect of Rural-Urban Migration among the Youths and its Impacts on Agricultural Development in Kuje Area Council, Abuja, Nigeria. Jornal de Investigação em Ciência e Tecnologia, 4(2), 12-27.
Eghweree, C. O. & Imuetinyan, F. (2019). Migração rural-urbana e desemprego juvenil na Nigéria. Porque é que os programas públicos falham. Boletim informativo Urbanet. Disponível em www.urbanet.info. [Acedido em 5 set.,

2023].
Edegbe, U. B. & Imafidon, K. A. (2018). Antes do barco: Compreender os factores determinantes da migração irregular no Estado de Edo, Nigéria. Trabalho apresentado na 1st Conferência Internacional do Departamento de Serviço Social, Universidade da Nigéria, Nsukka, sobre o tema "Questões Emergentes e Contemporâneas: The Place of Social Work Education and Practice in Nigeria", realizada em 12th e 13th setembro, Nsukka, Nigéria.
Ehirim N. C, Onyeneke R. U, Chidiebere-Mark N. M, & Nnabuihe V. C (2019). Efeitos e perspetiva da migração rural para urbana sobre o estatuto de pobreza dos migrantes no Estado de Abia, Nigéria. Agricultural Science Research Journal, 2(4): 147-149.
Ejiogu, A. O. (2019). Análise de género da migração rural-urbana no Estado de Imo, Nigéria. Documento apresentado na Conferência de Negócios e Economia de Oxford, Oxford Inglaterra, St. Hugh's College, Universidade de Oxford, 24-26 de junho. Disponível em resjournals.com. [Acedido em 25 Set., 2023].
Eze, B. U. (2014). Avaliação dos impactos da migração rural-urbana nos meios de subsistência dos agregados familiares rurais na região de Nsukka, Sudeste da Nigéria. Tese de doutoramento não publicada, apresentada ao Departamento de Geografia e Meteorologia da Universidade Estatal de Ciência e Tecnologia de Enugu, Enugu.
Fadayomi, T. O. (2014). Rural Development and Migration in Nigeria (Desenvolvimento rural e migração na Nigéria). NISER. Ibadan. Pp. 45- 50.
Fadayomi, T. O. (2018). Desenvolvimento rural e migração na Nigéria: Impacto da Zona Oriental do Projeto de Desenvolvimento Agrícola do Estado de Bauchi. Ibadan Nigéria: Instituto de Investigação Social e Económica, 2018, https://searchworks.stanford.edu/view/1952099
FAO. (2015). Base de dados das Actividades Geradoras de Rendimento Rural (RIGA), 2015. Disponível em: www.fao.org/economic/riga/riga-database/en
Banco da Reserva Federal de Chicago, (2020). Relatório Anual 2020. Chicago: Banco da Reserva Federal de Chicago,
Banco da Reserva Federal de Minneapolis (2019). Lista de riscos - Atualização da segurança e solidez.
Minneapolis: Banco de Minneapolis
Ghebru, H., Mulubrhan, George, M., & Adebayo O. (2018). Papel do acesso à terra na migração dos jovens e nas decisões de emprego dos jovens: Empirical evidence from rural Nigeria. Washington, DC: Instituto Internacional de Investigação sobre Políticas Alimentares.
Gimba, Z., & Kumshe, M. C. (2017). Causas e efeitos da migração rural-urbana no Estado de Borno: Um estudo de caso da metrópole de Maiduguri. Jornal

Asiático de Ciências Empresariais e de Gestão, 1(1), 168-172.
Greenwood M. J., Hunt, G. L., Rickman, D. S., & Treyz, G. I. (2021). Migração, equilíbrio regional e a estimativa de diferenciais de compensação. American Economic Review, 81(5), 1382-1390.
Halima, C. I., & Edoja, M. S. (2016). Explorando a relação entre as práticas agrícolas e a dinâmica da vegetação no Estado de Benue, Nigéria. Revista Africana de Geografia e Planeamento Regional, 3(1), 218-225. Recuperado de http://wsrjournals.org/journal/wjas
Hindman, H. D., & Hindman, H. (2014). O mundo do trabalho infantil: An Historical and Regional Survey. Routledge, https://www.routledge.com/The-World-of-Child-Labor- An-Historical-and-Regional-Survey/Hindman-Hindman/p/book/9780765617071
Hula, M. A. (2016). Dinâmica populacional e mudança de vegetação no estado de Benue, Nigéria. Revista de Questões Ambientais e Agricultura nos Países em Desenvolvimento, 2(1). https://doi.org/10.13140/2.1.4805.1847
Ikejiaku, E. O. (2017). Relatório intercalar sobre a avaliação dos recursos de baritina no Estado de Nassarawa, Nigéria, Relatório da Agência de Inspeção Geológica da Nigéria, 1 - 42.
Imran, M., Baksh, K. & Hassan, S. (2016). Migração rural para urbana e produtividade das culturas: Evidence from Pakistani Punjab. Mediterrianean Agricultural Sciences, 29(1), 28-39,
https://dergipark.org.tr/en/pub/mediterranean/issue/31214/339631/
Iwayemi, A. (2020). Nigeria's Oil Wealth: the Challenge of Sustainable Development in an Economy Dependent on Non-Renewable Natural Resources. Escola de Pós-Graduação da Universidade de Ibadan 31º Discurso de Pesquisa Interdisciplinar. Ibadan: Universidade de Ibadan.
Jennissen (2017). Cadeias de Causalidade na Abordagem dos Sistemas de Migração Internacional
Population Research and Policy Review 26, 411-436.
Joshua,.Y.G., Mariney, B.M.Y, & Aziz S., (2021). Impactos da migração rural-urbana nas comunidades rurais e centros urbanos no estado de Plateau, centro-norte da Nigéria. Jornal de Palarch de arqueologia do Egito/Egyptology, 18 (08), 985-1002
Kanu, E. J., & Ukonze, I. (2018). O desenvolvimento rural como uma panaceia para a migração rural-urbana na Nigéria. Revista de Arte e Humanidades de Acesso Aberto, 2(5), 241-249.
Kumar, A., & Singh, S. (2019). Rural-urban migration in India: Causes and consequences.
Journal of Economic Issues, 53(2), 431-446.

Kobzar, S., Hellgren, T., Hoorens, S., Khodyakov, D., & Yaqub, O. (2015). Evolving patterns and impacts of migration. global societal trends to 2030. Relatório Temático 4. Santa Mónica, Califórnia: RANDCorporation.
Kok (2016) Migration in South and Southern Africa: Dynamics and Determinants
Laah, D.E., Abba, M., Ishaya, D.S. &Gana, J.N. (2018). A Miragem do Desenvolvimento Rural na Nigéria. Revista de Ciências Sociais e Políticas Públicas, 5(2), 148- 159.
Lall, S.V., Selod, H. & Shaliz, Z. (2018). Migração rural-urbana nos países em desenvolvimento: A Survey of Theoretical Predictions and Empirical Findings. Documento de trabalho de investigação de políticas do Banco Mundial 3915. Banco Mundial
Lee, E. S. (1966). A Theory of Migration. Demography, 3(1), 47-57. Disponível em http://www.jstor.org/stable/2060063. Acedido em 1 Out., 2023.
Lemawork, D. (2017). Migração rural-urbana e suas implicações para o desenvolvimento rural: The Case of Kuje Area Council, Abuja, Nigeria. Jornal de Estudos Africanos e Desenvolvimento, 9(3), 24-34.
Mbah, E. N., Ezeano, C. I. & Agada, M. O. (2016). Efeitos da migração rural-urbana de jovens em famílias de agricultores no Estado de Benue, Nigéria. Revista Internacional de Investigação Agrícola, Inovação e Tecnologia, 6(1), 14-20.
McDowell, C., & de Haan A. (1997). Migration and sustainable livelihoods: A critical review of the literature. Documento de trabalho. Instituto de Estudos para o Desenvolvimento (IDS) Documento de Trabalho
65. McNeil W. Disponível em www.ernestoamaral.com. Acedido em 30 Set., 2023. McEvedy, C. e R. Jones (2018). Atlas da História da População Mundial, Middlesex, Inglaterra: Viking Penguin. pp. 342-51
Mckeown, A. (2016) Global Migration 1846-1940 in Journal of World History, Vol.15, No.2 (155-189). Imprensa da Universidade do Havai
Mini S. E. (2020). O impacto da migração rural-urbana na economia rural das aldeias do Cabo Oriental. Documento não publicado apresentado no workshop sobre migração do HSRC, Pretória, 17-20 de março. Disponível em www.ajol.info. Acedido em 28 de setembro de 2023.
Moriconi-Ebrard, F., Harre, D., & Heinrigs, P. (2016). Dinâmica de urbanização na África Ocidental 1950-2020: Africapolis I, atualização de 2015, Estudos da África Ocidental. Paris: Publicações da OCDE.
Najime, T. (2020). Cretaceous stereography, sequence and techno-sedimentary evolution of Gboko Area, Lower Benue trough Nigeria, Unpublished Ph.D Thesis, Department of Geology, Ahmadu Bello University Zaria, Nigeria.

Nnorom, K & Daniel, R.O., (2022). Migração rural-urbana e atitude em relação às actividades de desenvolvimento baseadas na comunidade: Um Estudo de Migrantes na Metrópole de Enugu. JUPEB Journal of Development and Educational Studies (JJDES) Vol.1, No.1. fevereiro, 2022
Nwajiuba, C., Uwadoka, C, & Onyeneke, R. (2019). Participação de migrantes da África Ocidental em empresas no Estado de Lagos, Nigéria. Trabalho apresentado na Conferência de Negócios e Economia de Oxford, Oxford Inglaterra, St. Hugh's College, Universidade de Oxford, 22-24 de junho. Disponível em resjournals.com. Acedido em 25 de setembro de 2023.
Nwokocha, E.E. (2017). Desigualdade de género e desenvolvimento na Nigéria: uma revisão sobre a antítese. Revista Sul-Sul de Cultura e Desenvolvimento. A ser publicado brevemente.
Nyagba, J.L (1995b) Soils of Benue State in D.J Denga (Ed) Benue State the Land of General Potentials; a Compendium. Calabar: Rapids Educational Publishers Ltd.
Oginni, O. C. & Tahirou, A. (2019). Impactos da migração rural-urbana dos jovens no bem-estar das famílias na Nigéria. Um documento apresentado na 6th Conferência Africana de Economistas Agrícolas, 23-26 de setembro, Abuja, Nigéria.
Okafor, E.E. (2015). Corrupção e as suas implicações socioeconómicas na Nigéria. Jornal Nigeriano de Psicologia Clínica e de Aconselhamento, 11(1): 1-19.
Okah, P. S., Aghedo, G. U., & Iyiani, C. C. (2021). Impacto socioeconómico da migração nas comunidades rurais do Estado de Ebonyi, Nigéria: implicações para a prática do trabalho social. Benin Journal of Social Work and Community Development, 2, 161-173
Okhankhuele, Omonigho & Opafunso, Zacheus. (2015). Migração rural-urbana na Nigéria: "quem migra mais"? A Case Study of Ogun Waterside Local Government Area of Ogun State, Nigeria. Jornal Britânico de Economia, Gestão e Comércio. 8. 180-189. 10.9734/BJEMT/2015/15845.
Olabode, E. O., Saidat, D. O., & Oluyemi, E. O. (2015). Migração rural-urbana no sudoeste da Nigéria: Uma ameaça ao desenvolvimento nacional. Investigação Civil e Ambiental, 7 (5), 42-47.
Onyeneke, R. U. (2015). Efeito da migração rural-urbana na agricultura e nos meios de subsistência rurais em Okwe, Ikwuano L.G.A, Estado de Abia. Projeto B. Agric não publicado, apresentado à Universidade Estadual de Imo, Owerri.
Osayi, K. K. & Opara, E. R. (2018). Migração para a sobrevivência na Nigéria: Interrogating causation and consequences. Trabalho apresentado na 1st Conferência Internacional do Departamento de Serviço Social, Universidade da

Nigéria, Nsukka, sobre o tema "Questões Emergentes e Contemporâneas: The Place of Social Work Education and Practice in Nigeria" realizada em 12th e 13th setembro, Nsukka, Nigéria.
Ravenstein, E.G., (1889). The Laws of Migration. J. R. Stat. Soc., 52, 241- 305.
Rufai, M., Ogunniyi, A., Salman, K. K., Oyeyemi, M., & Salawu, M. (2019). Migração, mobilidade laboral e pobreza dos agregados familiares na Nigéria: Uma análise de género. Economia, 7(4), 10-19
Saasongo, V. T. (2017). Impacto da emissão de poeira da mineração e processamento de calcário na produção de sementes de soja em mbayion e seus arredores Gboko LGA, Estado de Benue, Projeto de Licenciatura, Departamento de Geografia, Universidade Federal, Dutsinma, 2017.
Stark O. (2021). The migration of labor. Cambridge: Basil Blackwell.
Tam Cho, W. K., Gimpel, J. G., & Hui, I. S. (2012). Voter migration and the geographic sorting of the American electorate (Migração de eleitores e classificação geográfica do eleitorado americano). Annals of the Association of American Geographers, 103(4), 856-870,DOI: http://dx.doi.org/10.1080/00045608.2012.720229/
Thornthwaite, C.W. (1948). "An Approach Toward a Rational Classification of Climate "F).
Revista Geográfica. **38** (1): 55-94. doi:10.2307/210739. JSTOR 210739.
Todaro, M. (2020). Desenvolvimento económico, sétima edição. New York: Addison Wesley. Torum, B., Benjamin Torun 1, Stein, A. D., Schroeder, D., Grajeda, R., Conlisk, A., Rodriguez,
M., Mendez, H., & Martorell, R. (2015). Migração Rural-Urbana e Fatores de Risco de Doenças Cardiovasculares em Jovens Adultos Guatemaltecos. International Journal of Epidemiologists,31(1),218-226,DOI: 10.1093/ije/31.1.218
Tyubee, B.T(2020).An Assessment of Vulnerability to Climate Change Riskin Makurdi Nigeria, Relatório da Bolsa de Doutoramento. Universidade de Makerere, Kampala Uganda.
Ujoh, F. I. & Alhassan, M. M. (2016). Avaliação de poluentes em riachos em torno de uma fábrica de cimento no centro da Nigéria, International Journal of Science and Technology, 4 (3).
Ullah, A. A. & Haque, M. S. (2020). O mito da migração na política e na prática: Dreams, Development and Despair (Sonhos, Desenvolvimento e Desespero). Springer Nature.
Nações Unidas. (2018). Políticas de população mundial. ST/ESA/SER.A/341. Em Departamento de Assuntos Económicos e Sociais, Divisão da População. Nova Iorque: Nações Unidas.

Nações Unidas. (2016). Perspectivas da urbanização mundial ST/ESA/SER.A/366. Em Departamento de Assuntos Económicos e Sociais. Nova Iorque: Nações Unidas. Acedido em 25 de julho de 2023.
Nações Unidas. (2016). Relatório de desenvolvimento humano 2016: Desenvolvimento humano para todos.
Nova Iorque: Programa das Nações Unidas para o Desenvolvimento.
USAID.Urban Profile;'Nigeria'making cities work.[Online] disponível em: http//www.makingcitieswork.org/files/pdf/Africa/Nigeria
Wright, J. B., Hastings, D. A., Jones, W.B. & Williams, H. R. (1985). Geology and mineral resources of West Africa, Londres: Allen and Unwin Publishers.
Young, A. (2018). Inequality, the rural-urban gap and migration [Desigualdade, fosso rural-urbano e migração]. Quarterly Journal of Economics 128, 1727-85.
Yuguda, Y. M., Umaru, A., & Hassan, M. (2012). Determinantes da migração rural-urbana no Norte da Nigéria: A case study of Kaduna Metropolis. Current Research Journal of Economic Theory, 4(3), 59-67

APÊNDICE

INSTRUMENTO DE RECOLHA DE DADOS

SECÇÃO A

Instruções: Assinale as casas apropriadas ou responda como requerido abaixo

1.Sexo: Masculino ( ) Feminino ( )

2.Idade: 0-18 anos ( ) 19-45 anos ( ) 46-65 anos ( ) 66 anos ou mais ( )

3.Estado Civil: Solteiro ( ) Casado ( ) Divorciado ( ) Viúvo ( )

4.Religião: Cristianismo ( ) Islão ( )

5.Qualificação educacional: F.S.L.C ( ) ND ( ) HND ( ) Diploma ( ) Grau ( )

6.Grupo Étnico: Tiv ( ) Idoma ( ) Igede ( ) Yoruba ( ) Igbo ( ) Hausa ( ) d

SECÇÃO B

PRIMEIRO OBJECTIVO: Descrever as caraterísticas socioeconómicas dos migrantes na cidade de Gboko.

7.Qual é a dimensão da sua família? a. 1-2 ( ) 3-4 ( ) 5-7 ( ) 8-9 ( ) 10 e mais ( )

8. Quanto tempo permaneceu no local onde se encontra atualmente? (a) 1-3 anos (b) 4-7 anos (c) 8-11 anos (d) 12 anos ou mais

9.Qual é a sua profissão? (a) Agricultura (b) Comércio (c) Função pública (d) Artesanato

10. Qual é o seu rendimento anual? (a) 50.000 - 100.000 ( ) (b) 100.000-200.000 ( ) (c) 200.000- 300.000 ( ) (d) 300.000 e mais ( )

OBJECTIVO DOIS: Examinar o impacto da migração rural-urbana na cidade de Gboko

VARIÁVEL	SA	A	DS	SD
Redução do rendimento das famílias nas aldeias				
Baixa produtividade agrícola nas aldeias				
Custo elevado da mão de obra				
Perda do mercado de valor sociocultural nas aldeias				
Aumento da população ativa e melhoria da produtividade nas zonas urbanas				
Aumento da população nas zonas urbanas				
Congestionamento humano e veicular em áreas urbanas				
Poluição ambiental nas zonas urbanas				
Custo de vida elevado nas zonas urbanas				
Aumento das exigências em matéria de infra-estruturas				
Utilização excessiva de equipamentos sociais				

OBJECTIVO TRÊS: Identificar medidas susceptíveis de reduzir a migração rural-urbana na cidade de Gboko.

16. Sugere a implementação de iniciativas para reduzir o afluxo da migração rural-urbana na sua comunidade? (a) Sim, sugiro (b) Não, não sugiro

17. Que intervenções/programas sugere que sejam introduzidos para erradicar a migração rural-urbana na sua comunidade?

VARIÁVEL	SA	A	D	SD
Desenvolvimento do empreendedorismo rural				
Programa de Modernização Agrícola				
Programa de desenvolvimento de infra-estruturas rurais				
Programa de educação e desenvolvimento de competências				
Programa de teletrabalho e trabalho remoto				
Programa de habitação a preços acessíveis				
Programa de melhoria do acesso aos cuidados de saúde				
Programa de desenvolvimento do turismo				
Programa de Microfinanças e Crédito				
Programa de desenvolvimento comunitário				

18. Em sua opinião, qual seria a eficácia das intervenções/programas introduzidos para erradicar a migração rural-urbana na sua comunidade? (a) Muito eficazes (b) Eficazes (c) Muito ineficazes (d) Indecisos

ÍNDICE

Printed by Books on Demand GmbH, Norderstedt / Germany